JN268948

やさしい数学
微分と積分まで

秋山　仁　監修
楠田　信　著

森北出版株式会社

● 本書のサポート情報を当社Webサイトに掲載する場合があります．下記のURLにアクセスし，サポートの案内をご覧ください．

　　　　　　　　https://www.morikita.co.jp/support/

● 本書の内容に関するご質問は，森北出版 出版部「(書名を明記)」係宛に書面にて，もしくは下記のe-mailアドレスまでお願いします．なお，電話でのご質問には応じかねますので，あらかじめご了承ください．

　　　　　　　　editor@morikita.co.jp

● 本書により得られた情報の使用から生じるいかなる損害についても，当社および本書の著者は責任を負わないものとします．

■ 本書に記載している製品名，商標および登録商標は，各権利者に帰属します．

■ 本書を無断で複写複製（電子化を含む）することは，著作権法上での例外を除き，禁じられています．複写される場合は，そのつど事前に(一社)出版者著作権管理機構（電話03-5244-5088, FAX03-5244-5089, e-mail：info@jcopy.or.jp）の許諾を得てください．また本書を代行業者等の第三者に依頼してスキャンやデジタル化することは，たとえ個人や家庭内での利用であっても一切認められておりません．

監修のことば

　日本社会では，最近，受験生の理工離れが鈍化する兆しが見られるという．この傾向を生み出している理由は，「不況時に理系は強い」という現象や日本人ノーベル賞受賞者の輩出，日本人宇宙飛行士の活躍などのマスメディアによる報道，または高専や大学における受験生向けの体験学習・実験，出前授業などの地道な努力，TV や科学博物館，さまざまな団体が工夫を凝らして開催している理科や数学の面白体験イベントや講座等々，さまざまな要因が考えられるだろう．

　しかし，大学に入学してくる理工系の学生たちの様子を見ていると，受験生・大学生たちが，理数離れしている本質的な原因・解決には，まだまだ十分にメスが入れられていないように思う．

　残念ながら，「不況時の就職に有利だから」とか「実験棟が何となく面白そう」，「試験科目から判断した結果，理系を選んだ」といった希薄な動機で進学してくる学生の大半は，入学後に待ち構えている"数理現象を理解し解明するために不可欠な，一見無味乾燥な数学や理科の知識の蓄積，抽象的な論理思考力の修得という基礎トレーニングのノックの嵐"にさらされると，挫折してしまいがちだというのが現実である．

　こういう状況を改善していくためには，今後，次の2点が課題になってくるだろう．

　1. 高校生たちの大学入学までの学習を入試で縛り，進学先を偏差値で割り振るという，これまでの方法ではなく，高校生たちが，「進学して自分は何を学ぶのか」ということについて，もっと具体的かつ真剣に考えることができ，かつ，入学後の学習活動につながる深い学びを可能とするプログラムやカリキュラムを高校と高専や大学，専門の研究所が連携

して開発・実践していくこと．実際に，2003年度から実施される新教育課程では，学校の裁量に委ねられる「総合的な学習の時間」や，「選択科目」時間が大幅に設けられるが，こういった新しいスタイルの学習活動が望まれているのである．しかも，これからの時代は，高卒後に大学や大学院に進学して学ぶというどころか，時代のスピードに対応しながら生きていくために，働きながら生涯，そのつど自分に必要となる新しいものを学んでいかなくてはならなくなる．単にテストのための勉強というのでなく，欧米ですでに行われているような，一人ひとりの生涯に亘る学びに役立っていく学習を，高校の段階で可能にしていくために，高等教育機関や研究者が積極的に協力していく必要がある．

2．大学側が，入試によって入学者の学力をキチンと把握できなくなっているという現状がある．定員確保を優先せざるを得ない大学側の事情や，受験生の学習がテストの傾向と対策のための反復学習に費やされ，テストの獲得点数が受験生の深い思考力や理解力を必ずしも反映しなくなってきたことなどが原因に挙げられている．しかし，いちばんメスを入れなければいけない部分は，各大学が，自分たちが受け入れた学生たちの入学時の知識・思考レベルの把握をし，かつ彼らに卒業までに何を学ばせるのか，どのような能力を身に付けさせるのかという目標設定の両者をキチンと行ったうえで，真面目に努力すれば大半の学生が達成できる無理のないカリキュラムを組んでいくこと，すなわち，大学の授業改革，教育改革を進めていくことであろう．今後，よりいっそうグローバル化が進み，肩書きよりも実力が問われる世の中になれば，それを実行できない大学は高等教育機関としての社会的な存在意義を失う．

大学教育課程までの「解析学」のテキストには"不動の定番"とされる名著もある．数学を専門に学んだ者からすれば，その名著をシッカリ1冊学んでもらいたいというのが本音かもしれない．しかし，この科目を学ぶ大学生の多くが，この分野自身を専門的に究めようとしているのではなく，自分たちが進もうとしている分野を理解するための道具とし

て，利用していくために学習しているのだということを，指導する側の数学の専門家たちは忘れてはならないように思う．

　たとえば，他国のある高校では，数学の計算や証明に時間を割くことよりも，関数電卓や数学のソフトを用いて，統計学や微積分の知識を使って化学や経済や物理，生物の実際のデータ処理にいそしむことに重点をおいた実践的数学・実務的数学コースが設けられているという．数学の教師からすると，多少不本意に感じる講座のようなのだが，数学に苦手意識のあった生徒でも，化学，生物，経済等の分野に進学していった後，数学を使うことに他の学生と比べても抵抗感がなく，かえって以前の生徒たちより有効に数学を活用していけるようになっているということであった．こういった話を聞くと，若者の理数離れを改善していくためには，指導側の多少の意識改革が必要なのかもしれないように思う．

　本書は，日ごろ大学の教壇で学生たちに有益な指導を与えたいと奮闘されている楠田教授が，『"高校で学んだはずの内容にも，少し不安がある"という学生でも，この１冊にしっかり取り組めば，半年から１年で理工学部の専門課程で必要となる(教養課程の範囲の)解析学の知識(や考え方)をひととおり修得できるようになる』という意図で書き下ろした解析学(微積分学)のテキストである．そのため，従来の書と比較すると，当然内容が割愛されていたり，学ぶ順序が変えられている箇所もあり，多少荒削りなところもあるかもしれない．しかしながら，「現在の学習目標が本書の主旨に合致する」という読者は，全国に多数いらっしゃるに違いない．そのような方々が，本書を手にしていただき，各人の目標をクリアし，本当に自分が学びたいと考えている理工系のテーマに自信をもって進んでいかれることを願ってやまない．

2002年9月

秋山　仁

まえがき

　高等教育の中で，現在ほど，数学の授業を行うことが難しくなったことはなかろう．高等学校における選択制の導入，大学入試制度の多様化，実業系高校からの大学への進学率の上昇などにともない，普通高校出身者間，および普通高校出身者と実業系高校出身者との間に数学知識の較差が顕著にあらわれている．そのため，数学の授業を始める際に，学生の数学レベルの足並みをそろえることがまず必要になる．

　多くの大学で教師が苦労しているのは，教科書の選定である．たとえば，微分積分学を学習するためには，整式の演算，因数分解，1次関数から三角関数までのすべての関数，数列など最低限は身に付けておかねばならない．これだけを復習 (項目によっては初めて学習する学生がいるかもしれない) するために何時間，そして何冊の教科書が必要になるのであろうか．

　他方，大部分の学生には，関数電卓を使うことを前提とした数学の内容にせざるを得ないという状況がある．そのとき，従来の数学の記述で，とりあえずは必要ないとして説明や演習を省略できる個所はかなりあると考える．その分，学生への負担が軽減されよう．

　以上のようなことを考えて，本書の執筆を始めた．結果として，証明が少ない，公式集，あるいは例題集といった色彩の強いものになった．したがって，本書を教科書として採用していただいたときには，説明不足の個所は，是非，授業の中で補っていただきたい．

　最後に，本書を執筆する間，貴重なご意見と励ましを賜った上床隆彦

東和大学教授，また本書を発行する機会を与えてくださった森北出版株式会社の皆様に深く感謝の意を表します．

2002 年 9 月

楠田　信

目　　次

第1章　数　　　1

第2章　累乗と累乗根　　　5

第3章　代　数　式　　　11
- 3.1　式で使われる用語　　　11
- 3.2　式の展開　　　13
- 3.3　式をまとめる　　　17
- 3.4　代数式　　　22

第4章　関数と変数　　　24

第5章　べ　き　関　数　　　28

第6章　1　次　関　数　　　31
- 6.1　1次関数とグラフ　　　31
- 6.2　1次方程式　　　32
- 6.3　方程式と恒等式　　　34
- 6.4　1次不等式　　　36

第7章　2　次　関　数　　　40
- 7.1　2次関数とグラフ　　　40
- 7.2　2次方程式　　　43
- 7.3　因数定理　　　45
- 7.4　判別式　　　46
- 7.5　2次不等式　　　48

7.6 純虚数 ··· 49
7.7 複素数と複素平面 ··· 51
7.8 複素数と 2 次方程式の解 ·· 54
7.9 2 次関数の最大値と最小値 ·· 55

第 8 章　3 次 関 数　58

8.1 3 次関数とグラフ ··· 58
8.2 極大値と極小値 ··· 60
8.3 いろいろな 3 次関数のグラフ ···································· 62
8.4 高次関数の曲線と x 軸との共有点 ······························ 64

第 9 章　分 数 関 数　66

9.1 分数関数とグラフ ··· 66
9.2 グラフの平行移動 ··· 67

第 10 章　無 理 関 数　71

10.1 無理関数とグラフ ··· 71
10.2 無理方程式 ··· 73

第 11 章　指数関数と対数関数　76

11.1 指数と対数 ··· 76
11.2 常用対数と自然対数 ·· 78
11.3 対数の性質 ··· 79
11.4 指数関数とグラフ ··· 81
11.5 対数関数とグラフ ··· 83
11.6 逆関数のグラフ ··· 84

第 12 章　三角比と三角関数　86

12.1 角と角度 ·· 86
　　12.1.1 角と角度の定義 ·· 86
　　12.1.2 角度の単位 (度と弧度) ··································· 86
12.2 三角比 ·· 90

- 12.2.1 直角三角形と三角比 …… 90
- 12.2.2 三角比の関係式 …… 91
- 12.2.3 特別な角度の三角比 …… 93
- 12.3 三角関数 …… 94
  - 12.3.1 一般角 …… 94
  - 12.3.2 象限の角 …… 96
  - 12.3.3 一般角と三角関数 …… 97
  - 12.3.4 象限と三角関数の符号 …… 99
  - 12.3.5 補角・余角の公式 …… 100
- 12.4 三角関数のグラフ …… 102
  - 12.4.1 正弦関数のグラフ …… 102
  - 12.4.2 余弦関数のグラフ …… 105
  - 12.4.3 正接関数のグラフ …… 106
- 12.5 三角関数の公式 …… 107
  - 12.5.1 加法定理 …… 107
  - 12.5.2 2倍角の公式 …… 108
  - 12.5.3 三角関数の合成 …… 109
- 12.6 三角関数と図形 …… 111
  - 12.6.1 正弦定理 …… 111
  - 12.6.2 余弦定理 …… 112
  - 12.6.3 三角形の面積 …… 114
  - 12.6.4 ヘロンの公式 …… 115

第13章 数　　列　　117

- 13.1 数列とは …… 117
- 13.2 数列の和と Σ 記号 …… 118
- 13.3 等差数列 …… 119
  - 13.3.1 等差数列の一般項 …… 119
  - 13.3.2 等差数列の和 …… 121
- 13.4 等比数列 …… 123
  - 13.4.1 等比数列の一般項 …… 123

13.4.2　等比数列の和 ……………………………………………… 124
　13.5　特別な数列とその和 ………………………………………………… 125
　　13.5.1　1, 2, 3, 4, 5, ⋯ の数列 (自然数列) ………………………… 125
　　13.5.2　2, 4, 6, 8, 10, ⋯ の数列 (偶数列) ………………………… 126
　　13.5.3　1, 3, 5, 7, 9, ⋯ の数列 (奇数列) ………………………… 128
　　13.5.4　$1^2, 2^2, 3^2, 4^2, 5^2, \cdots$ の数列 ……………………………… 129
　13.6　Σ による演算 ……………………………………………………… 131
　　13.6.1　Σ 表記 ……………………………………………………… 131
　　13.6.2　Σ の性質 …………………………………………………… 133
　　13.6.3　Σ による演算例 …………………………………………… 135

第14章　微 分 法　　140

　14.1　導関数 ……………………………………………………………… 140
　14.2　微分公式 …………………………………………………………… 141
　　14.2.1　微分公式 1 …………………………………………………… 141
　　14.2.2　微分公式 2 …………………………………………………… 142
　　14.2.3　微分公式 3 …………………………………………………… 144
　14.3　いろいろな微分法 ………………………………………………… 146
　　14.3.1　合成関数の微分法 …………………………………………… 146
　　14.3.2　対数微分法 …………………………………………………… 149
　　14.3.3　逆関数の微分法 ……………………………………………… 152
　　14.3.4　陰関数の微分法 ……………………………………………… 155
　　14.3.5　媒介変数関数の微分法 ……………………………………… 156
　14.4　微分法の応用 ……………………………………………………… 158
　　14.4.1　接線の方程式 ………………………………………………… 158
　　14.4.2　関数の増減 …………………………………………………… 159
　　14.4.3　関数の極値と最大値・最小値 ……………………………… 160
　　14.4.4　曲線の凹凸 …………………………………………………… 162

目次 xi

第15章 不定積分　168

- 15.1 不定積分の定義 …………………………………… 168
- 15.2 積分公式 ………………………………………………… 170
  - 15.2.1 積分公式 1 …………………………………… 170
  - 15.2.2 積分公式 2 …………………………………… 172
- 15.3 いろいろな積分法 ………………………………… 174
  - 15.3.1 置換積分法 …………………………………… 174
  - 15.3.2 対数微分法を利用した積分法 …………… 179
  - 15.3.3 部分積分法 …………………………………… 184

第16章 定積分　187

- 16.1 定積分の定義 ……………………………………… 187
- 16.2 いろいろな定積分 ………………………………… 191
  - 16.2.1 置換積分法による定積分 ………………… 191
  - 16.2.2 部分積分法による定積分 ………………… 193
- 16.3 定積分の応用 ……………………………………… 196
  - 16.3.1 面積計算 ……………………………………… 196
  - 16.3.2 回転体の体積 ………………………………… 200
  - 16.3.3 曲線の長さ …………………………………… 202

解　　答　207

索　　引　221

第1章 数

　数学ではいろいろな数を扱うが，その中で物を数えるときとか順番をつけるときに使われる
$$1, 2, 3, 4, 5, \cdots$$
がもっとも基本となる数であり，これを**自然数**という．

　自然数どうしの演算を考えると，和や積は自然数になるが，$5-7$ や $2-2$ は自然数にならない．そこで，自然数に負の符号をつけたものと 0 を加えて
$$\cdots, -4, -3, -2, -1, 0, 1, 2, 3, 4, \cdots$$
に数を拡張して，これを**整数**とよぶ．ここで，自然数 $1, 2, 3, 4, \cdots$ を**正の整数**，$-1, -2, -3, -4, \cdots$ を**負の整数**という．

　整数どうしの割り算を考えると，さらに数を拡張することが必要になる．0 でない整数 m と任意の整数 n でもって n/m ($\frac{n}{m}$ のこと) のように表したものが**分数**である．分数には，割り切れるものと割り切れないものがある．前者は，$8/4 = 2$ や $7/4 = 1.75$ のような整数や有限な**小数** (有限小数という) になる．後者は

$$\frac{1}{9} = 0.111111\cdots = 0.\dot{1}$$

$$\frac{69}{22} = 3.1363636\cdots = 3.1\dot{3}\dot{6}$$

$$\frac{8}{13} = 0.615384615384\cdots = 0.\dot{6}1538\dot{4}$$

のように小数点以下が無限に続く小数 (無限小数という) になる．ここに示した無限小数は，小数点以下のあるところから先の数字の並びが同じ

順でくり返されている．このような小数を**循環小数**とよぶ．循環小数は，くり返される数字の上に記号 (˙) をつけて表すが，最後の例のようにくり返される数字が 3 つ以上になればその両端の数字にだけ記号 (˙) をつける．

例題 1.1
次の分数を小数で表せ．
(1) $\dfrac{10}{11}$ (2) $\dfrac{41}{333}$ (3) $\dfrac{1022}{999}$

解 (1) $\dfrac{10}{11} = 0.9090\cdots = 0.\dot{9}\dot{0}$

(2) $\dfrac{41}{333} = 0.123123\cdots = 0.\dot{1}2\dot{3}$

(3) $\dfrac{1022}{999} = 1.023023\cdots = 1.\dot{0}2\dot{3}$

整数，有限小数，循環小数は，すべて「分数で表すことができる数」である．これらをまとめて**有理数**という．

一方，無限小数の中には循環小数のように数字がくり返されることなく，したがって「分数で表すことができない数」がある．すなわち，循環小数を除く無限小数である．それを有理数に対して**無理数**とよぶ．よく知られた**円周率**

$$\pi = 3.1415926535\cdots\cdots$$

は無理数の 1 つである．無理数には，π のほかに第 2 章で説明する $\sqrt{2}$ や

$$\text{実数}\begin{cases}\text{有理数}\begin{cases}\text{整数}\\\text{分数 (有限小数と循環小数)}\end{cases}\\\text{無理数 (循環小数を除く無限小数)}\end{cases}$$

図 **1.1** 実 数

$\sqrt{3}$ などがある．

有理数と無理数をあわせて**実数**という．実数は，図 1.2 に示す**数直線**上の点で表すことができる．

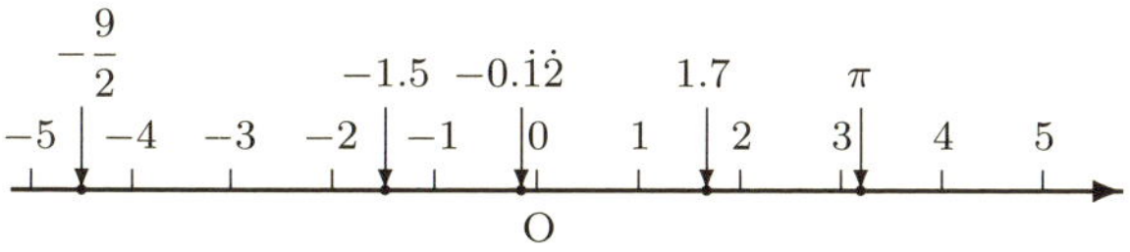

$$-\frac{9}{2} \quad\quad -1.5\ -0.\dot{1}\dot{2} \quad\quad 1.7 \quad\quad \pi$$

図 **1.2** 数直線

　数直線上において，原点 O からある数までの距離をその数の**絶対値**という．たとえば，数直線上で -1.5 の点と原点 O との距離は 1.5 なので，-1.5 の絶対値は 1.5 である．原点 O より右側に位置する数，すなわち正の数の絶対値はその数そのものである．

　絶対値は，その数を記号 (|) ではさんで表す．

$$|+1.5| \quad \text{または} \quad |1.5| = 1.5, \quad |0| = 0, \quad |-1.5| = 1.5$$

ある数を文字 a で与えるときは，数 a の絶対値は次のように表す．

$$|a| = \begin{cases} a & (a \geqq 0 \text{ のとき}) \\ -a & (a < 0 \text{ のとき}) \end{cases}$$

(**注意**)　結果が正になることに注意して，絶対値の記号をはずす．例題 1.2 の (1) と (2) を参照のこと．

例題 1.2

$a = 2$，$b = -5$ のとき，次のものを求めよ．
- (1) $|a|$ 　(2) $|b|$ 　(3) $|a+b|$ 　(4) $|a|+|b|$
- (5) $|a-b|$ 　(6) $|a|-|b|$ 　(7) $|ab|$ 　(8) $|a||b|$
- (9) $\left|\dfrac{b}{a}\right|$ 　(10) $\dfrac{|b|}{|a|}$

解 (1) $|a|=|2|=2$ (2) $|b|=|-5|=-(-5)=5$

(2) は，絶対値の定義にしたがうと解答のようになるが，以後は直接 $|-5|=5$ とするほうがよい．

(3) $|a+b|=|2+(-5)|=|2-5|=|-3|=3$
(4) $|a|+|b|=|2|+|-5|=2+5=7$
(5) $|a-b|=|2-(-5)|=|2+5|=|7|=7$
(6) $|a|-|b|=|2|-|-5|=2-5=-3$
(7) $|ab|=|2\times(-5)|=|-10|=10$
(8) $|a||b|=|2|\times|-5|=2\times 5=10$
(9) $\left|\dfrac{b}{a}\right|=\left|\dfrac{-5}{2}\right|=|-2.5|=2.5$ (10) $\dfrac{|b|}{|a|}=\dfrac{|-5|}{|2|}=\dfrac{5}{2}=2.5$

(注意) 絶対値を含む演算において，一般に次の関係が成り立つ．

$|a+b|\neq|a|+|b|$ (3) と (4)

$|a-b|\neq|a|-|b|$ (5) と (6)

$|ab|=|a||b|$ (7) と (8)

$\left|\dfrac{b}{a}\right|=\dfrac{|b|}{|a|}$ (9) と (10)

問 1.1 次の循環小数を記号 (˙) を用いて表せ．
(1) $3.1333333\cdots$ (2) $0.1414141414\cdots$
(3) $20.315315\cdots$ (4) $0.012567012567\cdots$

問 1.2 次の数が有理数か無理数か答えよ．
(1) $\dfrac{4}{7}$ (2) $3.\dot{1}4\dot{1}$ (3) $\dfrac{\pi}{4}$ (4) $\dfrac{2}{5}$ (5) 4

問 1.3 次の数の絶対値を求めよ．

$-\dfrac{9}{2}$ -3.0 $-0.\dot{1}\dot{2}$ 1.7 π

問 1.4 $a=3$, $b=-2$, $c=-4$ のとき，次のものを求めよ．
(1) $|a+b+c|$ (2) $|a-b+c|$ (3) $|a||b||c|$
(4) $|ab||c|$ (5) $\dfrac{|ac|}{|b|}$

第2章　累乗と累乗根

同じ数を2回以上かけあわせたものを，その数の**累乗**(べきともいう)という．

a を5回かけあわせたものを例にすると，累乗は a^5（「a の5乗」）と表し，a を**底**（「テイ」），かけた回数を底の右肩に小さく5と示して**指数**という．特に，累乗のうちで a^2 を a の**平方**，a^3 を a の**立方**という．

例題 2.1

次の値を求めよ．

(1) $2^2,\ 2^3,\ 2^4,\ 2^5,\ 2^6,\ 2^7,\ 2^8$

(2) $(-2)^2,\ (-2)^3,\ (-2)^4,\ (-2)^5,\ (-2)^6,\ (-2)^7,\ (-2)^8$

(3) $3^2,\ 3^3,\ 3^4,\ (-3)^2,\ (-3)^3,\ (-3)^4$

(4) $5^2,\ 5^3,\ (-5)^2,\ (-5)^3$

(5) $15^2,\ 25^2,\ 35^2,\ 45^2,\ 55^2,\ 65^2,\ 75^2,\ 85^2,\ 95^2$

(6) $1.1^2,\ 1.2^2,\ 1.3^2,\ 1.4^2,\ 1.5^2,\ 1.6^2$

(7) $0.1^4,\ 0.1^3,\ 0.1^2,\ 10^2,\ 10^3,\ 10^4,\ 10^5$

解　(1)　4, 8, 16, 32, 64, 128, 256

(2)　4, -8, 16, -32, 64, -128, 256

　　まず負符号 ($-$) を無視して正数の累乗を計算して，後で符号 ($(-1)^{偶数}$ は正，$(-1)^{奇数}$ は負) をつける．

(3)　9, 27, 81, 9, -27, 81

(4)　25, 125, 25, -125

(5)　225, 625, 1225, 2025, 3025, 4225, 5625, 7225, 9025

1位が5の数の平方は，次のように簡単に求めることができる．

> n を 0 から 9 までの正の整数とすると
> $$(10n+5)^2 = 100n(n+1) + 25$$
> となるから，100位以上の部分は10位の数 n とそれに 1 を加えた数 $(n+1)$ の積を求めて，後に 25 をつければよい．
> 　(例)　$35^2 = \underline{3 \times 4} \times 100 + \underline{25} = \underline{12} \times 100 + \underline{25}$
> 　　　　　　$= \underline{1200} + \underline{25}$
> 　　　　　　　　↓　　↙
> 　　　　　　$= \underline{12}\,\underline{25}$

(6)　1.21, 1.44, 1.69, 1.96, 2.25, 2.56

(7)　0.0001, 0.001, 0.01, 100, 1000, 10000, 100000

累乗と逆に，n 乗して a になる数を a の **n 乗根**という．特に，2乗して a になる数を a の**平方根**，3乗して a になる数を a の**立方根**という．また，a の2乗根，a の3乗根，$\cdots$ など底 a が同じものをまとめて a の**累乗根**という．

例題 2.2

次のものを求めよ．
(1)　4の平方根 (2乗根)　　(2)　8の立方根 (3乗根)
(3)　-8 の立方根 (3乗根)

解　(1)　$2^2 = 4$, $(-2)^2 = 4$ になる．したがって，4の平方根 (2乗根) は 2 と -2 である．なお，まとめて ± 2 ($\pm$ を**複号**という) と書いてよい．

(2)　$2^3 = 8$, $(-2)^3 = -8$ であるから，3乗して 8 になるのは 2 だけである．したがって，8の立方根 (3乗根) は 2 である．

(3)　(2) の説明により -8 の立方根 (3乗根) は -2 である．

累乗を記号で表すことは簡単だが，累乗根は複雑である．a の n 乗根

は，a の符号および n が偶数か奇数かによって次のように表し方が異なる．

$$a の n 乗根 = \begin{cases} n が偶数のとき \cdots \begin{cases} a > 0 のとき \pm \sqrt[n]{a} \\ a = 0 のとき 0 \\ a < 0 のとき存在しない \end{cases} \\ n が奇数のとき \cdots\cdots a の符号に関係なく \sqrt[n]{a} \end{cases}$$

記号 ($\sqrt{}$) を**根号** (または**ルート**) といい，平方根 a のうち正のものを単に $\sqrt{a}$ と表し「ルート a」，n が 3 以上の $\sqrt[n]{a}$ は「n 乗根 a」という．

指数は正の整数だけではなく，0，負の整数，正負の分数，すなわち有理数にまで拡張することができる．

例題 2.3
$\sqrt{2}$ を小数点以下第 3 位まで求めよ．

解 $1.3^2 = 1.69$, $1.4^2 = 1.96$, $1.5^2 = 2.25$ から $\sqrt{2}$ は 1.4 より大きく 1.5 より小さい．次に，$1.41^2 = 1.9881$, $1.42^2 = 2.0164$ から 1.41 より大きく 1.42 より小さい．このようにして，しだいに 2 に近づくものを見つけていき，$\sqrt{2} = 1.414$ を得る．

問 2.1 次のものを求めよ．
(1) 2 乗して 4 になる数 (4 の平方根のこと)
(2) 2 乗して -4 になる数 (-4 の平方根のこと)
(3) $\sqrt{4}$
(4) $-\sqrt{4}$
(5) 3 乗して 8 になる数 (8 の立方根で $\sqrt[3]{8}$ のこと)
(6) 3 乗して -8 になる数 (-8 の立方根で $\sqrt[3]{-8}$ のこと)

問 2.2 $\sqrt{5}$, $\sqrt[3]{-5}$, $-\sqrt[5]{5}$, $\sqrt[5]{5}$ を小数点以下第 3 位まで求めよ．

第2章 累乗と累乗根

指数公式 (ただし, $a > 0$, $b > 0$, p と q は有理数)

1. $a^p \times a^q = a^{p+q}$ $\cdots$ $a^3 \times a^2 = a^{3+2} = a^5$
2. $a^p \div a^q = a^{p-q}$ $\cdots$ $a^3 \div a^2 = a^{3-2} = a^1 = a$

   $\qquad\qquad\qquad a^2 \div a^3 = a^{2-3} = a^{-1} = \dfrac{1}{a}$

   $\qquad\qquad\qquad\left(a^{-1} \text{ や } \dfrac{1}{a} \text{ を } a \text{ の\textbf{逆数}という}\right)$

   $\qquad\qquad\qquad a^2 \div a^2 = a^{2-2} = a^0 = 1$
3. $(a^p)^q = a^{pq}$ $\quad\cdots$ $(a^2)^3 = a^{2\times 3} = a^6$
4. $(ab)^p = a^p b^p$ $\quad\cdots$ $(ab)^2 = a^2 b^2$

   $\left(\dfrac{a}{b}\right)^p = \dfrac{a^p}{b^p}$ $\quad\cdots$ $\left(\dfrac{a}{b}\right)^3 = \dfrac{a^3}{b^3}$

指数公式2の例のように，$p < q$ ならば結果は負の指数になる．そのときは

$$a^2 \div a^5 = a^{2-5} = a^{-3} = (a^{-1})^3 = \left(\frac{1}{a}\right)^3$$

のように，負の指数は逆数の累乗と考えればよい．

負の指数 (ただし, $a > 0$, p は有理数)

$a^{-1} = \dfrac{1}{a}$

$a^{-p} = \dfrac{1}{a^p}$

指数公式3で $p = 1/2$, $q = 2$ をあてはめてみると

$$(a^{\frac{1}{2}})^2 = a^{\frac{1}{2} \times 2} = a^1 = a$$

となる．これは，$a^{\frac{1}{2}}$ を2乗すると a になるということであるから，$a^{\frac{1}{2}}$ は $\sqrt{a}$ と同じと考えることができる．いまは1/2乗を例として示したが，このことは任意の分数の指数について成り立つ．そのとき先に示した累乗根の記号は，次のように分数の指数で表すことができる．

---**累乗根の公式** (ただし, $a > 0$, m, n は自然数)---

$$a^{\frac{1}{m}} = \sqrt[m]{a}$$

$$a^{\frac{n}{m}} = \sqrt[m]{a^n} = (\sqrt[m]{a})^n$$

例題 2.4

次のものを求めよ．

(1) $4^{\frac{1}{2}}$ (2) $8^{\frac{1}{3}}$ (3) $16^{0.25}$ (4) $32^{0.2}$ (5) $64^{\frac{1}{6}}$

(6) $128^{\frac{1}{7}}$

解 例題 2.1 の (1) を参考にする．

$2^2 = 4,\ 2^3 = 8,\ 2^4 = 16,\ 2^5 = 32,\ 2^6 = 64,\ 2^7 = 128$

(1) $4^{\frac{1}{2}} = \sqrt{4} = 2$ (2) $8^{\frac{1}{3}} = \sqrt[3]{8} = 2$

(3) $16^{0.25} = 16^{\frac{1}{4}} = \sqrt[4]{16} = 2$ (4) $32^{0.2} = 32^{\frac{1}{5}} = \sqrt[5]{32} = 2$

(5) $64^{\frac{1}{6}} = \sqrt[6]{64} = 2$ (6) $128^{\frac{1}{7}} = \sqrt[7]{128} = 2$

例題 2.5

次を簡単にせよ．

(1) $\sqrt{75}$ (2) $\sqrt{27}$ (3) $\sqrt{75} - \sqrt{27}$

(4) $(4 + \sqrt{5})(3 - \sqrt{5})$

解 (1) $\sqrt{75} = \sqrt{25 \times 3} = \sqrt{5^2 \times 3} = \sqrt{5^2} \times \sqrt{3} = 5\sqrt{3}$

(2) $\sqrt{27} = \sqrt{3^2 \times 3} = 3\sqrt{3}$

(3) $\sqrt{75} - \sqrt{27} = 5\sqrt{3} - 3\sqrt{3} = 2\sqrt{3}$

(4) $(4 + \sqrt{5})(3 - \sqrt{5}) = 4(3 - \sqrt{5}) + \sqrt{5}(3 - \sqrt{5})$
$= 12 - 4\sqrt{5} + 3\sqrt{5} - (\sqrt{5})^2$
$= 12 - 5 + (-4 + 3)\sqrt{5} = 7 - \sqrt{5}$

例題 2.6

次の無理数の分母を有理数にせよ (**分母の有理化**という).
(1) $\dfrac{1}{\sqrt{3}}$ (2) $\dfrac{1}{\sqrt{5}-\sqrt{3}}$

解 (1) $\dfrac{1}{\sqrt{3}} = \dfrac{1}{\sqrt{3}} \times \dfrac{\sqrt{3}}{\sqrt{3}} = \dfrac{\sqrt{3}}{3}$

(2) $\dfrac{1}{\sqrt{5}-\sqrt{3}} = \dfrac{1}{\sqrt{5}-\sqrt{3}} \times \dfrac{\sqrt{5}+\sqrt{3}}{\sqrt{5}+\sqrt{3}}$

$= \dfrac{\sqrt{5}+\sqrt{3}}{5+\sqrt{15}-\sqrt{15}-3} = \dfrac{\sqrt{5}+\sqrt{3}}{2}$

問 2.3 次のものを整数または小数で表せ.

(1) $9^{0.5}$, $27^{\frac{1}{3}}$, $81^{\frac{1}{4}}$

(2) $25^{\frac{1}{2}}$, $125^{\frac{1}{3}}$

(3) $225^{0.5}$, $625^{0.5}$, $1225^{\frac{1}{2}}$, $3025^{\frac{1}{2}}$, $5625^{0.5}$, $7225^{\frac{1}{2}}$, $9025^{\frac{1}{2}}$

(4) $1.21^{0.5}$, $1.44^{0.5}$, $1.69^{0.5}$, $2.25^{0.5}$, $2.56^{0.5}$

(5) $0.01^{\frac{1}{2}}$, $0.001^{\frac{1}{3}}$, $0.0001^{0.25}$, $100^{\frac{1}{2}}$, $1000^{\frac{1}{3}}$, $10000^{\frac{1}{4}}$

(6) 10^{-2}, $100^{-0.5}$, $25^{1.5}$, $8^{-\frac{2}{3}}$

問 2.4 次を簡単にせよ.

(1) $\sqrt{18}+\sqrt{50}-\sqrt{72}$ (2) $(\sqrt{5}-\sqrt{2})^2$

(3) $(4\sqrt{2}+\sqrt{3})(\sqrt{2}+3\sqrt{3})$

問 2.5 次の分母を有理化せよ.

(1) $\dfrac{\sqrt{3}}{\sqrt{5}-\sqrt{3}}$ (2) $\dfrac{\sqrt{3}-3\sqrt{2}}{2\sqrt{3}+\sqrt{2}}$

第3章 代 数 式

数学では数や文字を単独に，あるいは四則の演算記号 $(+,\ -,\ \times,\ \div)$ で結びつけたり，累乗根の記号などを用いて表したものをよく使用する．それらは最後に「式」という文字をつけてよぶが，説明のつごう上，意味の説明や定義をするまではそれらを区別せずに単に**式**とよぶことにする．その式のうちでもっとも簡単なものを次に示す．

$$5,\quad -3a,\quad 4xy^2z^3,\quad 5+ab,\quad 5a+2b^3,\quad 4x^2-5x+2$$

ここで，単独に書いた 5 や $-3a$，あるいは $5a+2b^3$ の $5a$ や $2b^3$ を**項**という．

3.1 式で使われる用語

式でよく使用される用語を説明しておこう．これから示す用語は，数学を学ぶうえで基本となるものである．

単項式　　$5,\ -3a,\ 4xy^2z^3$ のように項が 1 つだけの式をいう．

多項式　　$5+ab,\ 5a+2b^3,\ 4x^2-5x+2$ のように $+$ や $-$ の演算記号で 2 項以上が結びつけられた式をいう．

整式　　単項式と多項式をあわせたものをいう．最初に示した 6 つの例は，すべて整式である．

定数項　　$5+ab$ の 5，$4x^2-5x+2$ の 2 のように文字を含まない項をいう．ただし，$5a+2b^3$ で a の文字に注目すると，$2b^3$ は文字 b を含んでいるが文字 a に関して定数項になる．

係数　　$-3a$ の -3，$4x^2-5x+2$ の 4 や -5 のことをいう．ただし，

次　数　　$-3a$ は a の1次式，$5a+2b^3$ は a の1次式，b の3次式，$4xy^2z^3$ は x の1次式，y の2次式，z の3次式であるが x, y, z に対しては6次式というように，次数は注目する文字によって異なる．さらに，0以外の数は，どのような文字に対しても0次である．

$4xy^2z^3$ で x に注目すると，x 以外の $4y^2z^3$ は係数になる．

1つの文字に関して次数の異なる項が含まれる $4x^2-5x+2$ のような多項式の場合は，注目する文字について最高次数をいう．この場合は x に関して2次である．

同類項　　$(5+ab)+(5a+2b^3)$ において，ab と $5a$ は文字 a に注目すると係数が異なるだけである．このような項を同類項という．

降べき順　　$4x^2-5x+2$ は，x の文字について次数の高い項から低い項へ順に並んでいる．このような並べ方を降べき順という．

昇べき順　　$4x^2-5x+2$ を逆に並べた $2-5x+4x^2$ は x の文字について，次数の低い項から高い項へ順に並んでいる．このような並べ方を昇べき順という．

例題 3.1

(1)　$5a+2b^3$　　(2)　$-3a$　　(3)　$4x^2-5x+2$

(4)　$5+ab$　　(5)　5　　(6)　$4xy^2z^3$

の整式について，次の問に答えよ．

(a)　単項式を番号で示せ．　　(b)　(3) の式で定数項を示せ．

(c)　(1) の式は a について何次式か，また b について何次式か．

(d)　(1) の式を b について降べき順に整理せよ．

解　(a)　(2), (5), (6)　　(b)　2

(c)　a について1次式，b について3次式　　(d)　$2b^3+5a$

3.2 式の展開

整式の積において，単項式どうしの積は指数公式を使って整理すればよい．単項式と多項式，あるいは多項式どうしの積は，A, B, C を単項式あるいは多項式として次の**分配法則**

$$A(B+C) = AB + AC$$

$$(B+C)A = BA + CA$$

を利用して整理する．この整理のことを**式の展開**という．なお，式を展開する際に，必要に応じて**交換法則**

$$AB = BA$$

を利用して式を整理する．

複雑な式を展開するとき，次々と分配法則を使っていくことが基本であるが，通常は次の展開公式を利用する．

展開公式

(1) $a(x+y) = ax + ay$
   $a(x-y) = ax - ay$

(2) $(x+y)^2 = x^2 + 2xy + y^2$
   $(x-y)^2 = x^2 - 2xy + y^2$

(3) $(x+a)(x+b) = x^2 + (a+b)x + ab$

(4) $(ax+b)(cx+d) = acx^2 + (ad+bc)x + bd$

(5) $(x+y)(x-y) = x^2 - y^2$

(6) $(x+y)^3 = x^3 + 3x^2y + 3xy^2 + y^3$
   $(x-y)^3 = x^3 - 3x^2y + 3xy^2 - y^3$

(7) $(x+y)(x^2-xy+y^2) = x^3 + y^3$
   $(x-y)(x^2+xy+y^2) = x^3 - y^3$

(8) $(x+y+z)^2 = x^2 + y^2 + z^2 + 2xy + 2yz + 2zx$

(9) $(x+y+z)(x^2+y^2+z^2-xy-yz-zx) = x^3 + y^3 + z^3 - 3xyz$

(10) $(x^2+xy+y^2)(x^2-xy+y^2) = x^4 + x^2y^2 + y^4$

例題 3.2
展開公式 (2) から (10) までを導け.

解 (2) $(x \pm y)^2 = (x \pm y)(x \pm y)$
$= x(x \pm y) \pm y(x \pm y)$
$= x^2 \pm xy \pm yx + y^2 = x^2 \pm 2xy + y^2$ (複号同順)

(注意) 複号同順とは, 複号 $\pm$, $\mp$ の上の符号は上の符号どうしが, 下の符号は下の符号どうしが対応することをいう.

(3) $(x+a)(x+b) = x(x+b) + a(x+b)$
$= x^2 + bx + ax + ab$
$= x^2 + (a+b)x + ab$

(4) $(ax+b)(cx+d) = ax(cx+d) + b(cx+d)$
$= acx^2 + adx + bcx + bd$
$= acx^2 + (ad+bc)x + bd$

(5) $(x+y)(x-y) = x(x-y) + y(x-y)$
$= x^2 - xy + xy - y^2$
$= x^2 - y^2$

(6) $(x \pm y)^3 = (x \pm y)(x \pm y)^2$
$(x \pm y)^2$ に公式2を代入する.
$= (x \pm y)(x^2 \pm 2xy + y^2)$
$= x(x^2 \pm 2xy + y^2) \pm y(x^2 \pm 2xy + y^2)$
$= x^3 \pm 2x^2y + xy^2 \pm x^2y + 2xy^2 \pm y^3$
$= x^3 \pm 3x^2y + 3xy^2 \pm y^3$ (複号同順)

(7) $(x \pm y)(x^2 \mp xy + y^2)$
$= x(x^2 \mp xy + y^2) \pm y(x^2 \mp xy + y^2)$
$= x^3 \mp x^2y + xy^2 \pm x^2y - xy^2 \pm y^3$
$= x^3 \pm y^3$ (複号同順)

(8) $(x+y+z)^2 = (x+y+z)(x+y+z)$
$= x(x+y+z) + y(x+y+z) + z(x+y+z)$
$= x^2 + xy + xz$
$+ y^2 + xy + yz$

$$
\begin{aligned}
&\qquad\qquad +z^2 \qquad +yz+xz\\
&\qquad = x^2+y^2+z^2+2xy+2yz+2zx
\end{aligned}
$$

(9) $(x+y+z)(x^2+y^2+z^2-xy-yz-zx)$
$$
\begin{aligned}
&= x(x^2+y^2+z^2-xy-yz-zx)\\
&\quad +y(x^2+y^2+z^2-xy-yz-zx)\\
&\quad +z(x^2+y^2+z^2-xy-yz-zx)\\
&= \ x^3-x^2y-x^2z+xy^2+xz^2 \qquad\quad -xyz\\
&\quad +y^3+x^2y \quad\ -xy^2 \qquad -y^2z+yz^2-xyz\\
&\quad +z^3 \qquad +x^2z \quad -xz^2+y^2z-yz^2-xyz\\
&= x^3+y^3+z^3-3xyz
\end{aligned}
$$

(10) $(x^2+xy+y^2)(x^2-xy+y^2) = (x^2+y^2+xy)(x^2+y^2-xy)$

$\qquad\qquad x^2+y^2=A,\ xy=B$ として公式 5 を利用する.
$\qquad\qquad$ すなわち, $(A+B)(A-B)=A^2-B^2$.

$\qquad = (x^2+y^2)^2-(xy)^2$
$\qquad\quad (x^2+y^2)^2$ を公式 2 により展開する.
$\qquad = x^4+2x^2y^2+y^4-x^2y^2$
$\qquad = x^4+x^2y^2+y^4$

(注意) (8) と (9) のように項がたくさんあるときは, 同類項を上下にそろえて並べると式を整理しやすくなる.

例題 3.3

$x^2(y-z)+y^2(z-x)+z^2(x-y)$ について次の問に答えよ.

(1) x に関して降べきの順に整理せよ.
(2) x に関して昇べきの順に整理せよ.
(3) x に関して何次式か.
(4) $x,\ y,\ z$ に関しては何次式か.
(5) x の同類項を示せ.

解 (1) $\quad x^2(y-z)+y^2(z-x)+z^2(x-y)$

$\qquad$ 第 1 項は分配法則を適用しなくてもよい.

$\qquad = x^2(y-z) + y^2z \underline{-xy^2 + xz^2} - yz^2$
$\qquad = (y-z)x^2 - (y^2 - z^2)x + y^2z - yz^2$
(2) (1) を入れかえて $y^2z - yz^2 - (y^2 - z^2)x + (y-z)x^2$
(3) (1) または (2) より 2 次式である．
(4) 3 次式
(5) (1) の展開式 (下線部分) より $-y^2x$ と z^2x

(注意) 式の扱いに慣れてくると，(3)〜(5) は式を展開しなくても判断できるようになる．

例題 3.4

$(x+y)^2, (x+y)^3, (x+y)^4, (x+y)^5, \cdots$ を展開して，各係数の変化と規則性を調べよ．

解 各次数の展開式を，x の降べきの順に並べると次のようになる．

$\quad x+y \quad \longrightarrow \quad x+y$
$\quad (x+y)^2 \longrightarrow \quad x^2 + 2xy + y^2$
$\quad (x+y)^3 \longrightarrow \quad x^3 + 3x^2y + 3xy^2 + y^3$
$\quad (x+y)^4 \longrightarrow \quad x^4 + 4x^3y + 6x^2y^2 + 4xy^3 + y^4$
$\quad (x+y)^5 \longrightarrow \quad x^5 + 5x^4y + 10x^3y^2 + 10x^2y^3 + 5xy^4 + y^5$
$\quad (x+y)^6 \longrightarrow \quad x^6 + 6x^5y + 15x^4y^2 + 20x^3y^3 + 15x^2y^4 + 6xy^5 + y^6$

次に

$\quad x+y \quad \longrightarrow \quad$ 1　1
$\quad (x+y)^2 \longrightarrow \quad$ 1　2　1
$\quad (x+y)^3 \longrightarrow \quad$ 1　3　3　1
$\quad (x+y)^4 \longrightarrow \quad$ 1　4　6　4　1
$\quad (x+y)^5 \longrightarrow \quad$ 1　5　10　10　5　1
$\quad (x+y)^6 \longrightarrow \quad$ 1　6　15　20　15　6　1

のように係数だけを並べてみると，規則性のあることに気づく．ある段の係数は，すぐ上の2つの係数の和になっている．たとえば，$(x+y)^4$ の x^3y の係数 4 は，上段 $(x+y)^3$ の x^3 と x^2y の係数 1 と 3 の和になる．

以下同様にして，何次の展開式であっても順に係数を求めていくことができる．これを**パスカルの三角形**という．

問 **3.1** 次の式を展開せよ．
(1) $(x+1)(x-2)$ (2) $(a-b)(a+2b)$
(3) $(x+2)^2(x-2)^2$ (4) $(2a-3)^3$

3.3 式をまとめる

(1) 降べき順か昇べき順に並べる

1つの式を示すには，たとえば
$$4x^2 - 5x + 1, \quad -5x + 1 + 4x^2, \quad 1 + 4x^2 - 5x, \quad 1 - 5x + 4x^2$$
のようにいろいろな示し方がある．しかし，通常は，最初に示した降べき順か最後の昇べき順で示す．どれでもよいようであるが，より複雑な式の計算で計算間違いなどを起こさないようにするには，乱雑な式の並べ方を避けたほうがよい．

(2) 同類項はまとめる

式は
$$5 + \underline{ab + 5a} + 2b^3$$
のままにしない．下線部分は文字 a についての同類項である．どの文字に注目して式をまとめるかにもよるが，同類項は
$$5 + \underline{(5+b)a} + 2b^3$$
のようにまとめておく．そのとき，注目した文字 a (または項) のことを**因数**といい，このような式の変形 (まとめ方) を**共通因数** a でくくるという．なお，因数は整式である．

(注意) 上式で文字 b に注目すると，ab と $2b^3$ に対して別なまとめ方をすることができる．式を整理するとき，事前にどのような式にまとめるかを考えておくことが重要である．

(3) 因数分解

A, B, C を単項式あるいは多項式として，式の展開と逆に
$$AB + AC = A(B+C)$$

$$BA + CA = (B+C)A$$

により多項式全体を整式の積にまとめることができるとき，その整理を指して**因数分解**という．

因数分解にはいろいろな方法がある．その基本は共通因数でくくることと，次に示す因数分解の公式をおぼえてそれらを利用することである．

因数分解の公式

(1) $ax + ay = a(x+y)$
    $ax - ay = a(x-y)$
(2) $x^2 + 2xy + y^2 = (x+y)^2$
    $x^2 - 2xy + y^2 = (x-y)^2$
(3) $x^2 + (a+b)x + ab = (x+a)(x+b)$
(4) $acx^2 + (ad+bc)x + bd = (ax+b)(cx+d)$
(5) $x^2 - y^2 = (x+y)(x-y)$
(6) $x^3 + 3x^2y + 3xy^2 + y^3 = (x+y)^3$
    $x^3 - 3x^2y + 3xy^2 - y^3 = (x-y)^3$
(7) $x^3 + y^3 = (x+y)(x^2 - xy + y^2)$
    $x^3 - y^3 = (x-y)(x^2 + xy + y^2)$
(8) $x^2 + y^2 + z^2 + 2xy + 2yz + 2zx = (x+y+z)^2$
(9) $x^2(y-z) + y^2(z-x) + z^2(x-y) = -(x-y)(y-z)(z-x)$
(10) $(x+y+z)(xy+yz+zx) - xyz = (x+y)(y+z)(z+x)$
(11) $x^3 + y^3 + z^3 - 3xyz = (x+y+z)(x^2+y^2+z^2-xy-yz-zx)$
(12) $x^4 + x^2y^2 + y^4 = (x^2+xy+y^2)(x^2-xy+y^2)$

因数分解の公式において，文字が複数個あらわれるときにはアルファベット順に示し，さらに $x \to y \to z \to x$ というように周期的に文字を表すようにする．このことは，式をまとめるうえでもたいせつなことである．

> **例題 3.5**
> 因数分解の公式の右辺を展開して，両辺が等しいことを確かめよ．

解 (9) と (10) は略，他は例題 3.2 の解答を参照のこと．

> **例題 3.6**
> 因数分解の公式 (3) を利用して次の式を因数分解せよ．
> (1) $x^2 + 6x + 8$ (2) $x^2 - 2x - 8$ (3) $x^2 + 2x - 8$

解 (1) 公式 (3) と比べて $a+b=6$, $ab=8$ を満たす a と b を決定する．
　　掛けて 8，加えて 6 となる数の組は正の数だけを考えればよい．掛けて 8 となる数は 1 と 8，2 と 4 の 2 組であり，そのうち加えて 6 となる数の組は 2 と 4 である．したがって，解は
$$(x+2)(x+4)$$
(2) 掛けて -8，加えて -2 となる数の組は，負符号を考慮しなければならないために (1) のように簡単ではない．数としては，1 と -8，-1 と 8，2 と -4，-2 と 4 の 4 組が考えられる．この中で加えて -2 となる数は，2 と -4 の組合せだけである．したがって，
$$(x+2)(x-4)$$
　　上では 4 組としたが因数分解に慣れてくると，1 と -8，-1 と 8 の組合せは最初から除外される．その理由は，符号は別にして 1 と 8 の数字を加えても，引いても 2 の数が得られないからである．
(3) (2) と同様な考察により，$(x-2)(x+4)$ である．

> **例題 3.7**
> 因数分解の公式 (4) を利用して次の式を因数分解せよ．
> (1) $2x^2 + 11x + 15$ (2) $2x^2 + 13x + 15$
> (3) $2x^2 - 11x + 15$ (4) $2x^2 - 13x + 15$
> (5) $2x^2 + x - 15$ (6) $2x^2 - x - 15$

解 (1) 公式 (4) と比べて $ac=2$, $ad+bc=11$, $bd=15$ を満たす a, b, c, d の 4 個の数を求めなければならない．この問題ではすべてが正の数であると予想できるが，組合せを書き上げるだけでもたいへんである．そこで，展開式

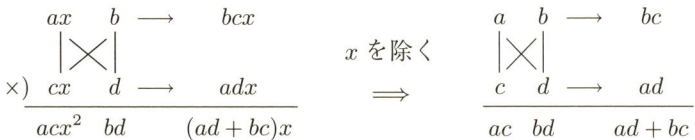

の右側に示した係数だけの計算を利用する．

$ac=2$, $bd=15$ になる数の組合せとして，a と c は 1 と 2，b と d は 3 と 5 を考える．

b と d の組合せとして，1 と 15 は $ad+bc=11$ を満たさないことが簡単にわかるので最初から除外しておく．したがって，次の 2 組の組合せだけを検討すればよい．

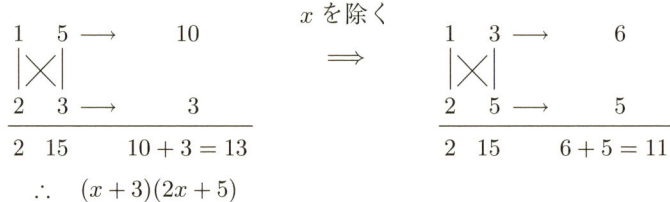

$\therefore\ (x+3)(2x+5)$

(2) (1) の説明の左側の場合である．$(x+5)(2x+3)$

(3)　1　−3　⟶　−6
　　　|×|
　　　2　−5　⟶　−5
　　　―――――――――――
　　　2　15　　−6−5=−11
　　　$\therefore\ (x-3)(2x-5)$

(4)　1　−5　⟶　−10
　　　|×|
　　　2　−3　⟶　−3
　　　―――――――――――
　　　2　15　　−10−3=−13
　　　$\therefore\ (x-5)(2x-3)$

(5)　1　3　⟶　6
　　　|×|
　　　2　−5　⟶　−5
　　　―――――――――――
　　　2　−15　　6−5=1
　　　$\therefore\ (x+3)(2x-5)$

(6)　1　−3　⟶　−6
　　　|×|
　　　2　5　⟶　5
　　　―――――――――――
　　　2　−15　　−6+5=−1
　　　$\therefore\ (x-3)(2x+5)$

例題 3.8

因数分解の公式 (8) から公式 (12) までを導け.

解 (8) $x^2+y^2+z^2+2xy+2yz+2zx$ (x について降べき順に並びかえる)

$= x^2 + 2xy + 2zx + y^2 + 2yz + z^2$

$= x^2 + 2(y+z)x + (y+z)^2$ ($y+z = A$ とおく)

$= x^2 + 2Ax + A^2$

$= (x+A)^2$ (A をもとにもどす)

$= (x+y+z)^2$

(9) $x^2(y-z) + y^2(z-x) + z^2(x-y)$

$= x^2(y-z) + y^2z - xy^2 + xz^2 - yz^2$

$= (y-z)x^2 - xy^2 + xz^2 + y^2z - yz^2$

$= (y-z)x^2 - (y^2-z^2)x + yz(y-z)$

      $y^2 - z^2 = (y-z)(y+z)$ より

$= (y-z)x^2 - (y-z)(y+z)x + yz(y-z)$

      $y - z = A$ とおく

$= Ax^2 - A(y+z)x + Ayz$

$= A\{x^2 - (y+z)x + yz\}$

$= A(x-y)(x-z)$ (A をもとにもどす)

$= (y-z)(x-y)(x-z)$

$= -(x-y)(y-z)(z-x)$

(10) $(x+y+z)(xy+yz+zx) - xyz$

$= \{x+(y+z)\}\{(y+z)x + yz\} - xyz$

$= x\{(y+z)x + yz\} + (y+z)\{(y+z)x + yz\} - xyz$

$= (y+z)x^2 + xyz + (y+z)^2 x + (y+z)yz - xyz$

$= (y+z)x^2 + (y+z)^2 x + (y+z)yz$

$= (y+z)\{x^2 + (y+z)x + yz\}$

$= (y+z)(x+y)(x+z)$

$= (x+y)(y+z)(z+x)$

(11) 公式 (6) より導かれる
$$A^3 + B^3 = (A+B)^3 - 3AB(A+B)$$
を次の下線部分に適用する．

$x^3 + \underline{y^3 + z^3} - 3xyz$
$= \underline{x^3 + (y+z)^3} - 3yz(y+z) - 3xyz$
   下線部分に公式 (7) の第 1 式を適用する．
$= \{x+(y+z)\}\{x^2 - x(y+z) + (y+z)^2\} - 3yz(y+z+x)$
$= (x+y+z)(x^2 - xy - xz + y^2 + 2yz + z^2 - 3yz)$
$= (x+y+z)(x^2 + y^2 + z^2 - xy - yz - zx)$

(12) $x^4 + x^2y^2 + y^4$
   加えると 0 になる 2 つの項 (次の下線部分) を付け加える．
$= x^4 + x^2y^2 + y^4 + \underline{x^2y^2 - x^2y^2}$
$= x^4 + 2x^2y^2 + y^4 - x^2y^2$
$= (x^2+y^2)^2 - x^2y^2$ 平方の差の公式 (5) を利用する．
$= (x^2 + y^2 + xy)(x^2 + y^2 - xy)$
$= (x^2 + xy + y^2)(x^2 - xy + y^2)$

問 3.2 次の式を因数分解せよ．
(1) $abx^2 - b^2x$ (2) $x^2 - 3x - 4$ (3) $2x^2 + x - 3$
(4) $4a^2 - 9b^2$ (5) $x^3 - 6x^2 + 12x - 8$ (6) $8x^3 - 27$

3.4 代数式

これまでに示した式は，すべて整式である．一方，整式を整式で割った
$$\frac{4x^2 - 5x + 1}{x - 2}$$
を**分数式**という．上式で $x-2$ を**除式**(割る式)，$4x^2 - 5x + 1$ を**被除式**(割られる式) といい，この例のように分子の被除式の次数が分母の除式の次数より高いときには，次のように計算することができる．

$$\begin{array}{r} 4x+3 \\ x-2\overline{\smash{\big)}\,4x^2-5x+1} \\ \underline{-)\ 4x^2-8x} \\ 3x+1 \\ \underline{-)\ 3x-6} \\ 7 \end{array} \quad , \quad \frac{4x^2-5x+1}{x-2} = 4x+3+\frac{7}{x-2}$$

ここで，$4x+3$ を **商**，7 を **剰余**，剰余を除式で割った $7/(x-2)$ を **剰余項** という．

これまでに示した整式と分数式をあわせた式を **有理式** といい，累乗根の記号中に文字を含む式を **無理式** という．無理式の例を次に示す．

$$-3\sqrt{x}, \quad 5+\sqrt{a}, \quad \sqrt[3]{x}+yz^3, \quad \frac{x+\sqrt{4-x^2}}{x^2+1}$$

有理式と無理式をあわせたものを **代数式** という．

$$\text{代数式} \begin{cases} \text{有理式} \begin{cases} \text{整式} \\ \text{分数式} \end{cases} \\ \text{無理式} \end{cases}$$

図 **3.1** 代数式

例題 3.9
次の式を整式，分数式，無理式に分類せよ．
(1) $\dfrac{3}{2}b$ (2) $\dfrac{\sqrt[3]{x^2+1}}{4}$ (3) $2x$ (4) $\dfrac{x+1}{\sqrt{x^2+1}}$
(5) $\sqrt{3}x+1$ (6) $\dfrac{1}{a^2+b+c^2}$ (7) $\sqrt{x^3}+\dfrac{1}{x+1}$

解 整式 (1), (3), (5), 分数式 (6), 無理式 (2), (4), (7)

(注意) (1) と (5) のように，係数が分数や無理数であっても分数式や無理式ではない．(7) のように無理式と分数式の和は無理式である．

問 3.3 次を割り算して商と剰余を求めよ．
(1) $\dfrac{x^2-5x+3}{x+1}$ (2) $\dfrac{3x^4-2x+1}{x^2-x+1}$ (3) $\dfrac{2x^3-x^2+x-1}{2x-1}$

第4章 関数と変数

これまでに整式，分数式，無理式などを表すために文字を使用してきたが，3.1節で 5 と $-3a$ はどちらも簡単な式 (整式) であると説明したように，数と文字に区別がなかった．すなわち，文字 a は，1つの数の代わりに用いられているだけである．

しかし，1つの式の中で文字 a がいろいろな数に代用されるとなると，これまでの文字と性質が異なってくる．式の中で1つの文字がいろいろな数に代用されるようなとき，その文字を**変数**という．変数でない文字を**定数**という．

1つの式の中でたくさんの文字が使用されるとき，そのままでは変数と定数の区別がつかないので，どれが変数で，どれが定数かを明確に指定しなければならない．習慣として，x と y は説明なしで変数に使われることが多い．

いま，2つの変数 x と y の間に何らかの関係があり，x を定めるとその関係に従って y が定まるとき，y を x の**関数**といい

$$y = f(x) \qquad (4.1)$$

と表す．ここで，x を**独立変数**，y を**従属変数**とよぶ．f は function(関数) の頭文字で，関数を表すためによく使用されるが，一度に多くの関数があらわれるときには他の $g(x)$ や $h(x)$，$F(x)$ なども用いる．

関数の表し方にはいろいろあるが，いまはそのうちの一部を示しておく．

関数の表し方

- **陽関数**　$y = f(x)$　例：$y = ax + b$
  通常，もっともよく目にする関数の形式である．
- **陰関数**　$g(x, y) = 0$　例：$ax + by + c = 0$ または $ax + by = d$
  簡単にいうと，$y = f(x)$ を $y - f(x) = 0$ と表したものと考えればよい．なお，陰関数では，2つの変数 x と y の立場は同じであり，独立変数とか従属変数というよび方はしない．
- **媒介変数関数**　t を**媒介変数**(パラメータ) として
  $$\begin{cases} x = f(t) \\ y = g(t) \end{cases} \quad 例：\begin{cases} x = t \\ y = at + b \end{cases}$$

　関数を式だけで処理していくこともできるが，関数をより深く理解するうえで助けになるものが**グラフ**である．グラフは，独立変数 x の変化にともない従属変数 y がどのように変化するかを視覚でとらえられるように描いたものである．

　グラフを描くときは，直交する 2 つの数直線を利用する (図 4.1)．ひとつは水平にとり，他は垂直にとる．水平の数直線に変数 x を，垂直の数直線に変数 y をあて，それぞれ ***x* 軸**，***y* 軸**といい，x 軸と y 軸の交点 O を**原点**とよぶ．

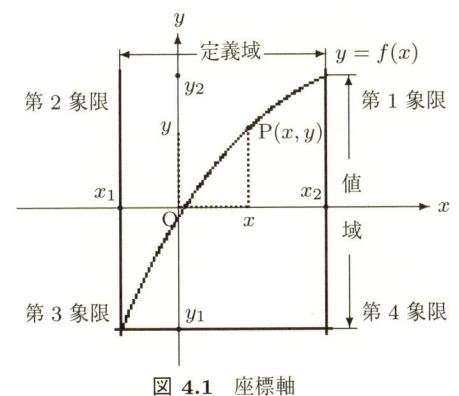

図 4.1　座標軸

x 軸と y 軸をあわせて**座標軸**とよぶ．そのとき，点 P の x 軸上へ下ろした垂線の足の数直線上での値を点 P の **x 座標**，同様に y 軸へ下ろした垂線の足の数直線上での値を点 P の **y 座標**といい，両者をまとめて (x, y) と表して**点 P の座標**という．したがって，1 つの点に対して 1 つの座標が対応する．原点の座標は $(0, 0)$ である．

平面上の点を座標で示すとき，その平面を**座標平面**といい，座標軸に用いた変数名をつけてよぶ．いまは x と y であるから **xy 平面**と表現する．座標平面は，図 4.1 に示すように x 軸と y 軸によって平面は 4 つに分割され，各部分を**象限**といい，$x > 0$, $y > 0$ の領域を第 1 象限として，原点を中心として反時計回りに第 2 象限，第 3 象限，第 4 象限とよぶ．なお，座標が示す点はいずれかの象限に属すことになるが，座標軸上の点はどの象限にも属さない．

関数 $y = f(x)$ のグラフとは，変数 x が定められた範囲の値をとるとき，xy 平面上の点 $(x, f(x))$ 全体の集まりのことである．

関数 $y = f(x)$ が与えられたとき，1 つの x の値に対して決定される y の値をそのまま座標 (x, y) に対応させて xy 平面上になるべく多くの点を打ち，それらを滑らかにつなぐと曲線の概形が描ける．なお，関数 $y = f(x)$ において独立変数 x のとり得る値の範囲 ($x_1 \leqq x \leqq x_2$: **定義域**という) に応じて従属変数 y の範囲 ($y_1 \leqq y \leqq y_2$: **値域**という) も決定される．その範囲に対応する xy 平面上の矩形領域にだけ曲線が存在する (図 4.1)．

定義域と値域を示す範囲が，等号か不等号かは関数によって異なる．また，定義域が実数全体 ($-\infty < x < \infty$ とも表す) とか，関数の性質によって独立変数の範囲が最初から決まっている (制限される) ような場合は，煩雑さを避けるために省略することが多い．ここで，記号 (∞) を**無限大**とよぶ．∞ は値がいくらでも大きくなるということを意味する記号であり数ではない．$-\infty$ は負で絶対値がいくらでも大きくなることを意味する．すなわち，x 軸上で原点から左方向に限りなく離れていく状態を示す．しかし，$-\infty < x < \infty$ のように，便宜的に数のように扱うこともある．

例題 4.1
次の座標が示す点を座標平面上に示せ，また，その点は第何象限に属するか．

(1) $(-2, 3)$ (2) $(3, -5)$ (3) $(0, 4)$ (4) $(-4, -3)$

解 座標点は図 4.2 参照．
(1) 第 2 象限 (2) 第 4 象限 (3) 属す象限なし (4) 第 3 象限

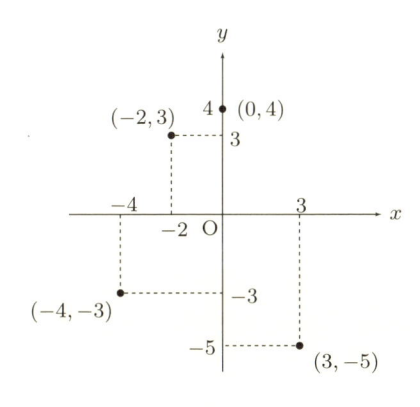

図 4.2

第 5 章 べ き 関 数

自然数 n に対して
$$y = x^n \tag{5.1}$$
を **n 次のべき関数**(または**累乗関数**) という．すなわち
$$y = x, \quad y = x^2, \quad y = x^3, \quad y = x^4, \cdots$$
などである．

これらの関数に対して x, y の値の組を座標としてグラフを描くと，すべての曲線が原点 $(0,0)$ と点 $(1,1)$，および指数 n が偶数の場合は点 $(-1, 1)$，奇数の場合は点 $(-1, -1)$ を通ることがわかる．

$x > 0$ において，すべてのべき関数が $y > 0$ になる．しかし，$x < 0$ において，n が偶数では $y > 0$，n が奇数だと $y < 0$ というようにその位置が x 軸に関して逆になる．

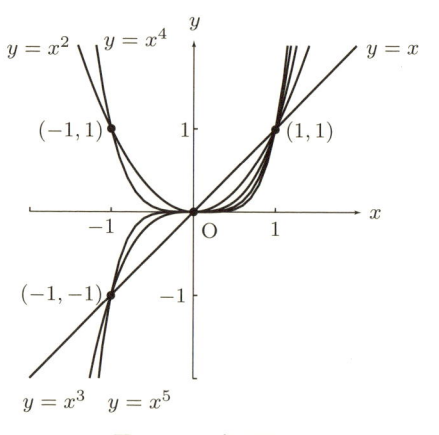

図 5.1 べき関数

図 5.1 に示すように，n が偶数のべき関数は y 軸に関して対称，n が奇数のべき関数は原点に関して対称となる．

一般に，関数 $y = f(x)$ において
$$f(-x) = f(x) \tag{5.2}$$
が成り立つならば関数 $f(x)$ を**偶関数**とよび，$y = f(x)$ のグラフは y 軸に関して対称となる．

一方，
$$f(-x) = -f(x) \tag{5.3}$$
が成り立つとき関数 $f(x)$ を**奇関数**という．そのとき，$y = f(x)$ のグラフは原点に関して対称になる．

n が偶数のべき関数は式 (5.2) を満たす偶関数であり，グラフは y 軸に関して対称になる．n が奇数のべき関数は式 (5.3) を満たす奇関数であり，グラフは原点に関して対称となる．このグラフの特徴は，べき関数に限らずいろいろな関数のグラフを描く際に重要になる．

例題 5.1

次の関数が偶関数か奇関数かを答えよ．

(1) $y = x$　　(2) $y = x^2$

解　(1) $y = x$ は，$f(-x) = -x$，$-f(x) = -x$ であり，式 (5.3) を満たすことにより奇関数である．

(2) $y = x^2$ は，$f(-x) = (-x)^2 = x^2$，$f(x) = x^2$ であり，式 (5.2) を満たすことにより偶関数である．

グラフは図 5.2 に示すとおりで $y = x$ は原点に関して対称，$y = x^2$ は y 軸に関して対称になる．

第 5 章 べき関数

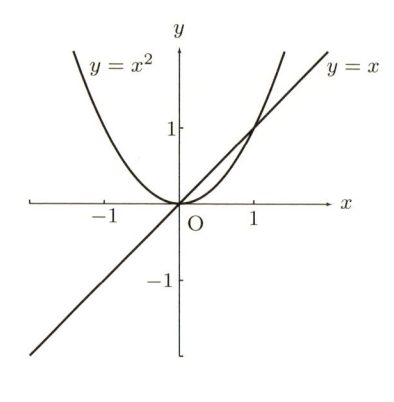

図 5.2

問 5.1 次の関数を偶関数と奇関数に分類せよ．

(1) $y = x^3$ (2) $y = x^4$ (3) $y = x^5$
(4) $y = x^6$ (5) $y = x^7$

第6章　1 次 関 数

6.1　1次関数とグラフ

独立変数を x, 従属変数を y, $a(\neq 0$, いまは $a > 0$ とする$)$ と b を定数として式 (4.1) で $f(x)$ が x に関して 1 次の

$$y = ax + b \tag{6.1}$$

を **1 次関数**という．式 (6.1) は陽関数で示しているが, 陰関数 ($ax+b-y=0$) で表してもよい．1 次関数のうちで, もっとも簡単なものが 1 次のべき関数の $y = x$ である．

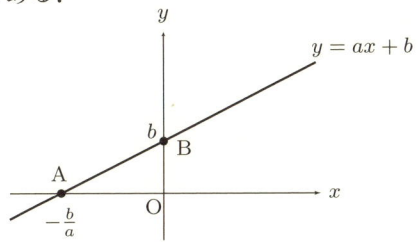

図 6.1　1 次関数

1 次関数のグラフは, 直線になる．そのとき, a を**傾き**という．いまは $a > 0$ としているから傾きは正であり, $a < 0$ ならば傾きは負になり, 直線は右下がりとなる．傾きとは, 直線の**勾配** (垂直変化量/水平変化量) のことである．

図 6.1 中の点 A と点 B は, 直線が x 軸および y 軸と交わる (切断する) 点をそれぞれ示し, 点 A の x 座標を **x 切片**, 点 B の y 座標を **y 切片**という．

y 切片 ($y = b$) は，式 (6.1) に $x = 0$ を代入して得られる．したがって，式 (6.1) の b は y 切片を与える．

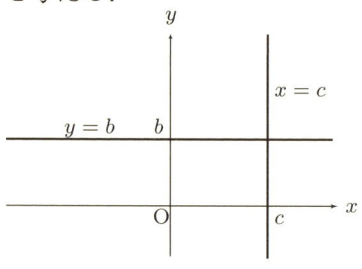

図 6.2

式 (6.1) で傾き a が 0 の関数

$$y = b \tag{6.2}$$

は特殊であり，x が表にあらわれない (変数 x は存在している)．x がどんなに変化しても y はつねに b である．この関数のグラフは，座標 $(0, b)$ を通る x 軸に平行な直線になる．

次に，c を定数として式 (6.2) の x と y の立場を入れかえた

$$x = c \tag{6.3}$$

の関数もある．y が表にあらわれていないから，y がどんなに変化しても x はつねに c であり，グラフは座標 $(c, 0)$ を通る y 軸に平行な直線になる．

式 (6.1)，(6.2) および (6.3) を合わせて**直線の方程式**とよび，3 つの式をまとめて次のように表すことができる．

$$mx + ny + \ell = 0 \quad (m \neq 0 \text{ または } n \neq 0)$$

(注意) $y = b$ は，関数を指すこともあり，単に y の値が b であることを指すこともある．前者の場合には，「関数」ということを必ず明記する必要がある．$x = a$ についても同様である．

6.2 1 次方程式

1 次関数の y 切片は，式 (6.1) に $x = 0$ を代入して求めることができる．x 切片は，式 (6.1) で $y = 0$ とおいた

$$ax + b = 0 \tag{6.4}$$

から $-b/a$ を得る.

式 (6.4) を **1 次方程式**といい，方程式を満たす x を求める作業のことを**方程式を解く**，式 (6.4) を解いて得られる $x = -b/a$ を**方程式の解**という.

例題 6.1

次の関数のグラフを描け.
(1) $y = x + 2$ (2) $y = -2x + 6$
(3) $y = -4$ (4) $x = 4$

解 図 6.3
(1) y 切片は 2, $y = 0$ から $x = -2$, したがって, 2 点 $(0,2)$ と $(-2,0)$ を通る直線である.
(2) y 切片は 6, $y = 0$ から $x = 3$, したがって, 2 点 $(0,6)$ と $(3,0)$ を通る直線である.
(3) $(0,-4)$ を通る x 軸に平行な直線である.
(4) $(4,0)$ を通る y 軸に平行な直線である.

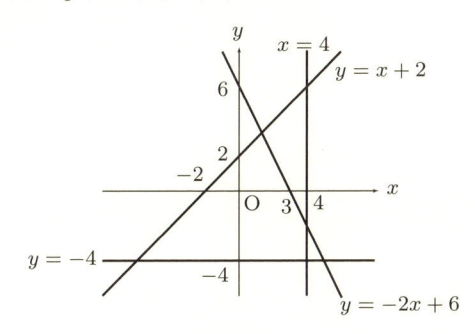

図 6.3

問 6.1 次の 1 次関数の x 切片と y 切片を求めグラフを描け.
(1) $y = 2x + 4$ (2) $y = -3x + 6$ (3) $x - 2y + 4 = 0$

問 6.2 次の関数のグラフを描け.
(1) $y = 2$ (2) $y = -1$ (3) $x = 1$ (4) $x = -3$

6.3 方程式と恒等式

これまでに整式，分数式，無理式，方程式など，いろいろな式があらわれた．しかし，式という用語がついていてもそれぞれ違った意味をもつので，ここで式について整理しておこう．

$$\text{式 (6.1) の} \quad y = ax + b$$

は1次関数を表す式であるが

$$\text{式 (6.4) の} \quad ax + b = 0$$

と同様に**直線の方程式**ともよばれる．異なった式である式 (6.1) と式 (6.4) が，なぜともに方程式とよばれるのだろうか．それは，次の理由による．

式 (6.1) を満たす x と y はどんな値でもよいというのではなく，図 6.1 の直線上の (x, y) の組に限定される．一方，式 (6.4) を満たす x も $-b/a$ だけに限られている．すなわち，式を満たす x，または y，あるいは両方が特定な値のものだけに限られるという共通点がある．このように，特定な値のものだけしか満足することができない式を**方程式**とよぶ．

方程式に対して，因数分解の公式 (3.3節) で示した式は，どのような x と y であっても両辺が等しくなる．そのような式を**恒等式**とよぶ．

方程式と恒等式の共通点は，等号 (=) で結びつけられた左辺と右辺をもつということである．このように等号が入った式を**等式**という．したがって，等式には方程式と恒等式がある．それに対して，整式や分数式などは等号があらわれない，すなわち，辺がない式である．

文字を1つだけ含む式が，方程式か恒等式かを見分ける方法は，どちらかの辺にすべての項を移項したとき，式が $0 = 0$ になればその式は恒等式，そうでなければ方程式である．いろいろな文字が混在する

$$\text{等式} \begin{cases} \text{方程式} \\ \text{恒等式} \end{cases}$$

図 **6.4** 等式

6.3 方程式と恒等式

$$ax + by + c = x + 3y + 2$$

のような式は，その式が恒等式か，あるいはどの変数に関する方程式(または関数)なのかが指定されなければ，どちらかを判断することはできない．

恒等式がある文字(いまは x) についての整式のとき，次の関係が成り立つ．

恒等式の性質

$$ax^2 + bx + c = 0 \longleftrightarrow a = b = c = 0$$
$$ax^2 + bx + c = a'x^2 + b'x + c' \longleftrightarrow a = a', \ b = b', \ c = c'$$
(6.5)

例題 6.2
次の式が恒等式であることを確かめよ．
(1) $x^2 - 2x + 1 = (x-1)^2$
(2) $(ax+b)(cx+d) = acx^2 + (ad+bc)x + bd$

解 (1) は右辺，(2) は左辺を展開して確かめるほうが簡単である．

例題 6.3
$ax^2 + bx + c = 0$ が任意の x に対して成立するように，係数 a, b, c を決定せよ．

解 x に -1, 0, 1 を代入する．その結果，次の3つの式を得る．
$$a - b + c = 0, \ c = 0, \ a + b + c = 0$$
これは a, b, c についての連立1次方程式であり，これを解いて
$$a = b = c = 0$$
を得る．これは恒等式の性質 (6.5) の第1式である．同様にして第2式も導くことができる．

例題 6.4

$ax^2 + bx + c = x^2 + 3x + 2$ が x についての恒等式になるように, a, b, c を定めよ.

解 与式をすべて左辺に移項して
$$(a-1)x^2 + (b-3)x + (c-2) = 0$$
恒等式の性質 (6.5) の第 1 式から
$$a - 1 = 0, \quad b - 3 = 0, \quad c - 2 = 0$$
とおくことができる. したがって, $a = 1$, $b = 3$, $c = 2$ を得る.

別解 x にどんな値を代入しても成り立つことから
(1) $x = 0$ (2) $x = 1$ (3) $x = -1$
を順に代入して, 次の連立 1 次方程式を得る.
(1) $c = 2$ (2) $a + b + c = 6$ (3) $a - b + c = 0$
これを解くと, $a = 1$, $b = 3$, $c = 2$ を得る. この解法の場合は, x には後の計算が簡単になる数を代入する.

問 6.3 次の式が恒等式となるように, 定数 a, b, c を定めよ.
$$2x^3 - x^2 + x + a = (2x^2 + x + b)(x + c)$$

問 6.4 次の式が恒等式となるように, 定数 a, b を定めよ.
$$\frac{x+3}{(x+1)(x-1)} = \frac{a}{x+1} + \frac{b}{x-1}$$
(この計算を**部分分数**に分けるという.)

6.4 1 次不等式

式 (6.1) の 1 次関数において, 図 6.5 に示すように独立変数 x の値によって従属変数 y の値は正または負, 0 になる.

これから $y > 0$ に対応する x の範囲を求めることにしよう. その x は
　　　式 (6.1) の $y = ax + b$
と

6.4 1次不等式

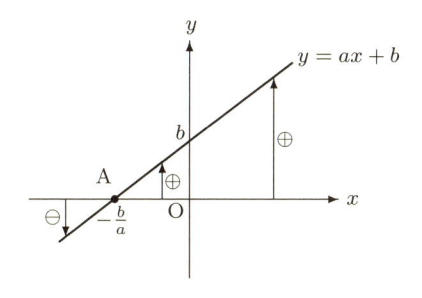

図 6.5

$$y > 0 \tag{6.6}$$

から求めることができる．なお，式 (6.1) の y が $y > 0$ を満たす x の範囲とは，図 6.5 の点 A より右の部分である．

式 (6.1) の y を式 (6.6) の左辺に代入すると

$$ax + b > 0 \tag{6.7}$$

を得る．式 (6.6) や式 (6.7) のように不等号で結びつけられた式を**不等式**という．特に，式 (6.7) の左辺が x に関して 1 次であるから **1 次不等式**とよばれる．

不等式の場合も，等号で結びつけられた等式と同様に 2 種類の式がある．1 つは単に両辺の大小関係を示すだけの不等式と，式 (6.7) のように不等式を満たす変数 x を決定 (その作業を**不等式を解く**という) しなければならない不等式がある．ただし，求めた x の範囲が実数全体のとき，絶対不等式ということもある (例：$x^2 \geqq 0$)．

式 (6.4) の方程式を式 (6.7) の不等式に含め

$$ax + b \geqq 0 \tag{6.8}$$

のように等号を含めたものも不等式とよぶ．式 (6.8) の不等式は，方程式と同様に，まず b を右辺に移項した後に両辺を a で割ることによって解くことができる．すなわち，$a > 0$ に注意して

$$x \geqq -\frac{b}{a} \tag{6.9}$$

この結果は，y が正となる部分は $x > -b/a$ となり，図 6.5 に示したとおりのものが得られている．y が負となる x の範囲 ($x < -b/a$) も同様な方法で求めることができる．

方程式と異なり不等式を解く際に注意しなければならないことがある．式 (6.8) の両辺を a で割ったとき，式 (6.1) で $a > 0$ としたから式 (6.9) の**不等式の解**を得たが，$a < 0$ の場合は式 (6.9) の不等号の向きを逆にしなければならない．次に，不等式を変形するときに必要になる不等式の性質を示す．

不等式の性質

$$\begin{aligned} a > b \quad &\longrightarrow \quad a+c > b+c, \quad a-c > b-c \\ a > b, \ c > 0 \quad &\longrightarrow \quad ac > bc, \quad \frac{a}{c} > \frac{b}{c} \\ a > b, \ c < 0 \quad &\longrightarrow \quad ac < bc, \quad \frac{a}{c} < \frac{b}{c} \end{aligned} \quad (6.10)$$

(**注意**) 第 3 式の不等号の変化に注意すること．

例題 6.5
式 (6.10) において $a = 4,\ b = -6,\ c = -2$ として，次の場合で不等式の性質 (式 (6.10)) が成り立つことを確かめよ．

解 $a > b$ のもとの不等式は $4 > -6$ である．

第 1 式：$4 + (-2) > -6 + (-2)$ すなわち $2 > -8$

でもとの不等号の向きと同じである．次に

$4 - (-2) > -6 - (-2)$ すなわち $6 > -4$

でもとの不等号の向きと同じであり，第 1 式の性質は正しい．

第 2 式：$c = -2 < 0$ なので適用できない．その理由は

$4 > -6$ の両辺に $c = -2$ を掛けると $-8 < 12$

で不等号の向きが逆転する．

$4 > -6$ の両辺を $c = -2$ で割ると $-2 < 3$

でやはり不等号の向きが逆転する．
　　第 3 式：$4 \times (-2) < -6 \times (-2)$　すなわち　$-8 < 12$
でもとの不等号の向きと逆向きになる．次に
$$\frac{4}{-2} < \frac{-6}{-2} \quad \text{すなわち} \quad -2 < 3$$
でもとの不等号の向きと逆向きになり，第 3 式の性質は正しい．

例題 6.6

1 次不等式 $-3x > 6$ を次の 2 通りの方法で解け．
　(1)　両辺を -3 で割る　　(2)　両辺をそれぞれ移項する

解　(1)　負の数で不等式の両辺を割ったときには，不等号の向きを逆にする．
$$\frac{-3x}{-3} < \frac{6}{-3}$$
$$\therefore x < -2$$
　(2)　$-6 > 3x$ の両辺を 3 で割って $-2 > x$，すなわち $x < -2$ を得る．

問 6.5　次の 1 次関数で y が正になる x の範囲を求めよ．
　(1)　$y = 2x + 4$　　(2)　$y = -3x + 6$　　(3)　$x - 2y + 4 = 0$

問 6.6　次の 1 次不等式を解け．
　(1)　$4 > 3x - 2$　　(2)　$2x + 3 < 4x - 1$　　(3)　$\dfrac{x-2}{2} - x \geqq 4 + 2x$

第7章 2次関数

7.1 2次関数とグラフ

式 (4.1) の $f(x)$ が2次式で，$a(\neq 0)$, b, c を定数として
$$y = ax^2 + bx + c \tag{7.1}$$
のように表されるとき，この関数を **2次関数** という．2次関数のうちでもっとも簡単なものが，
$$y = ax^2 \qquad (a \neq 0) \tag{7.2}$$
である．この関数のグラフは図 7.1 に示すようになる．この曲線は **放物線** (地上から物体を斜めに投げ上げたとき物体が描く軌道) とよばれ，$a > 0$ のとき下に凸，$a < 0$ のとき上に凸となる．なお，これらの放物線は，いずれも y 軸 (直線 $x = 0$) に関して対称になる．このような直線を，放物線の **軸** という．また，放物線が x 軸と接する点を放物線の **頂点** という．

一般の2次関数，式 (7.1) に対応する曲線には6つの場合があり，(図 7.2 参照)，次のように分類することができる．ここで，曲線が x 軸と交わる

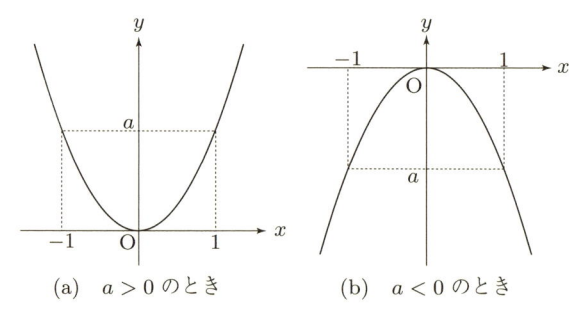

(a)　$a > 0$ のとき　　　(b)　$a < 0$ のとき

図 **7.1**　$y = ax^2$ のグラフ

か，あるいは接する点を曲線と x 軸との**共有点**という．共有点については，7.2 節で詳しく説明する．

$$\left.\begin{array}{l}(1) \text{ 下に凸 } (a > 0) \\ (2) \text{ 上に凸 } (a < 0)\end{array}\right\} \text{と} \left.\begin{array}{l}(\text{ア}) \ x \text{ 軸と 2 点で交わる場合} \\ (\text{イ}) \ x \text{ 軸と 1 点で接する場合} \\ (\text{ウ}) \ x \text{ 軸との共有点がない場合}\end{array}\right\} \text{の組合わせ}$$

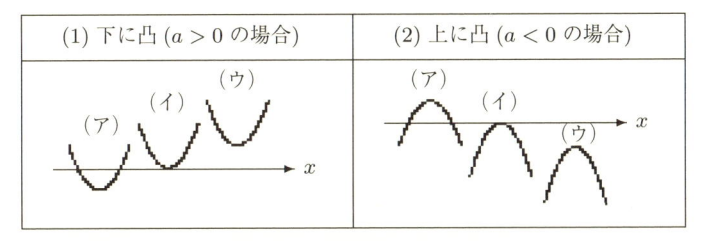

図 **7.2** 2 次関数のグラフ

これらの曲線を描くためには，**グラフの平行移動**を利用すると便利である．その方法は，次に示すとおりである．

$$y = a(x-p)^2 + q \qquad (a \neq 0) \tag{7.3}$$

の放物線は，$y = ax^2$ の放物線を

$$\begin{cases} x \text{ 軸に沿って } p \text{ だけ} \\ \quad (p > 0 \text{ ならば } x \text{ 軸の正の方向}, \ p < 0 \text{ ならば } x \text{ 軸の負の方向}) \\ y \text{ 軸に沿って } q \text{ だけ} \\ \quad (q > 0 \text{ ならば } y \text{ 軸の正の方向}, \ q < 0 \text{ ならば } y \text{ 軸の負の方向}) \end{cases}$$

平行移動させたもので，頂点の座標は (p, q)，対称軸は直線 $x = p$ である．

これから
$$y = x^2$$

の放物線をもとにして
$$y = (x-3)^2 \quad \text{と} \quad y = (x-3)^2 - 2$$
の放物線をグラフの平行移動によって描いてみよう．

1) $y = x^2$ のグラフは，図 7.1(a) に示す放物線の $a = 1$ の場合であり，原点に頂点をもち，対称軸が y 軸で下に凸の放物線となる．

2) $y = (x-3)^2$ を平行移動の式にあてはめると，$p = 3$, $q = 0$ である．したがって，グラフは $y = x^2$ の放物線を x 軸に沿って 3 (x 軸の正方向 (右方向) に 3) だけ平行移動した放物線となる．頂点の座標は $(3, 0)$，対称軸は直線 $x = 3$ である．

3) 同様にして，$y = (x-3)^2 - 2$ のグラフは $y = x^2$ の放物線を x 軸に沿って 3，y 軸に沿って -2 だけ移動したものになる．この放物線は，$y = (x-3)^2$ の放物線を y 軸に沿って -2 だけ移動したものと同じになる．頂点の座標は $(3, -2)$，対称軸は $x = 3$ である．

以上のグラフを図 7.3 に示す．

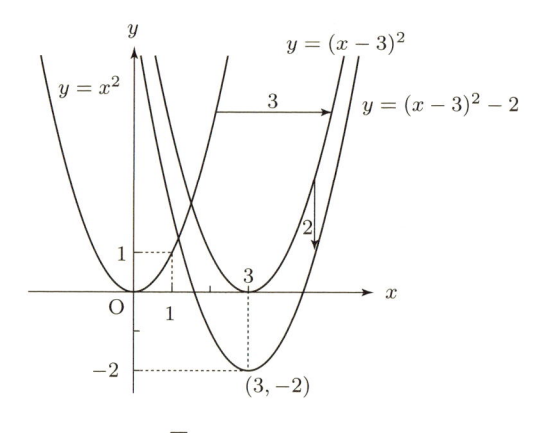

図 7.3

例題 7.1

$y = 2x^2$ の曲線を描いて，グラフの平行移動により次の 2 次関数のグラフの概形を求めよ．

(1) $y = 2(x-1)^2$　　(2) $y = 2(x-1)^2 + 3$
(3) $y = 2(x+2)^2 - 4$　　(4) $y = 2(x+2)^2 + 3$

解 図 7.4

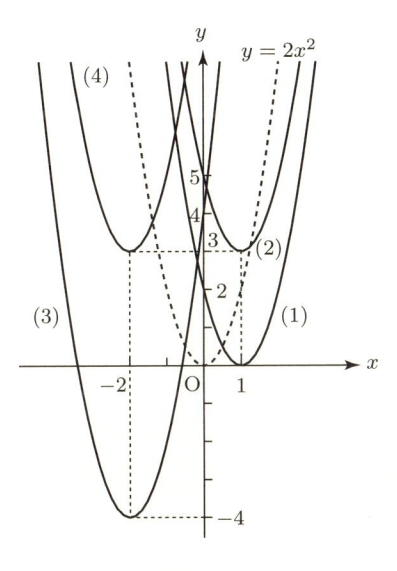

図 **7.4**

問 7.1 次の 2 次関数のグラフの概形を描け.
(1) $y = x^2 - 4$　　(2) $y = -x^2 + 4$　　(3) $y = (x-1)^2$
(4) $y = 2(x-1)^2$　　(5) $y = (x+1)^2 - 3$

7.2　2 次方程式

2 次関数 (式 (7.1)) の曲線と x 軸との共有点は $y = 0$, すなわち
$$ax^2 + bx + c = 0 \quad (a \neq 0) \tag{7.4}$$
を解けば得られる. 式 (7.4) は, x に関して 2 次なので **2 次方程式**という. この方程式の解は, 次のように変形して求める. なお, この変形は重要であるから, 詳しく示しておく.

$$a\left(x^2 + \frac{b}{a}x + \frac{c}{a}\right) = 0 \quad \rightarrow \quad \underline{x^2 + \frac{b}{a}x + \frac{c}{a}} = 0$$

(注意) 下線を引いた部分に $\left(\dfrac{b}{2a}\right)^2 - \left(\dfrac{b}{2a}\right)^2$ を加えて，平方をつくる．

$$\therefore \quad \left(x + \frac{b}{2a}\right)^2 - \frac{b^2}{4a^2} + \frac{c}{a} = 0 \quad \rightarrow \quad \left(x + \frac{b}{2a}\right)^2 - \frac{b^2 - 4ac}{4a^2} = 0$$

$$\therefore \quad \left(x + \frac{b}{2a}\right)^2 - \left(\sqrt{\frac{b^2 - 4ac}{4a^2}}\right)^2 = 0,$$

(ただし，$b^2 - 4ac \geqq 0$ とする．)

(注意) 左辺を $A^2 - B^2 = (A+B)(A-B)$ と因数分解する．

$$\therefore \left(x + \frac{b}{2a} + \frac{\sqrt{b^2 - 4ac}}{2a}\right)\left(x + \frac{b}{2a} - \frac{\sqrt{b^2 - 4ac}}{2a}\right) = 0$$

(注意) 通常は $\sqrt{a^2} = |a|$ であるが，複号 ($\pm$) になるので分母の a に絶対値をつけなくてよい．

$$\therefore \left(x - \frac{-b - \sqrt{b^2 - 4ac}}{2a}\right)\left(x - \frac{-b + \sqrt{b^2 - 4ac}}{2a}\right) = 0 \quad (7.5)$$

よって，

$$x - \frac{-b - \sqrt{b^2 - 4ac}}{2a} = 0, \quad \text{または} \quad x - \frac{-b + \sqrt{b^2 - 4ac}}{2a} = 0$$

より 2 次方程式の 2 つの解 α と β は次のようになる．

$$\alpha = \frac{-b - \sqrt{b^2 - 4ac}}{2a}, \quad \beta = \frac{-b + \sqrt{b^2 - 4ac}}{2a} \qquad (7.6)$$

これらをまとめて次のように表し，2 次方程式の**解の公式**という．

解の公式

$$x = \frac{-b \pm \sqrt{b^2 - 4ac}}{2a} \qquad (7.7)$$

問 7.2 解の公式を利用して，次の 2 次方程式の解を求めよ．

(1) $2x^2 + x - 3 = 0$ (2) $\dfrac{1}{2}x^2 - 2 = 0$

(3) $-2 + 7x - 3x^2 = 0$ (4) $-x^2 + 4x - 4 = 0$

7.3 因数定理

2次方程式の解がわかれば，それを2次式の因数分解に利用することができる．すなわち，2次方程式

$$ax^2 + bx + c = 0 \qquad (a \neq 0) \tag{7.8}$$

の2つの解を α, β とすれば，式 (7.8) の左辺 (2次式) は

$$ax^2 + bx + c = a(x-\alpha)(x-\beta) \tag{7.9}$$

のように変形できて，2次式が因数分解できたことになる．このことを，別の角度から考えてみよう．

いま，式 (7.9) の右辺の x に α を代入すれば，因数 $(x-\alpha)$ が 0 になることから左辺は 0 になる．したがって，初めから式 (7.9) の左辺に $x = \alpha$ を代入して 0 になれば，式 (7.9) の左辺の2次式は $(x-\alpha)$ を因数にもつといえる．β についても同様である．

以上のことは**因数定理**とよばれる定理の内容であり，整式が何次であっても成立するので，因数分解にとっては非常に有用な定理になる．この方法によって因数が1つ見つかれば，その因数で与式を割って商を求め (必ず割り切れる)，その商に因数定理をくり返し適用して，因数分解を完全なものにする．

因数を見つけるとき

$$\begin{cases} a = 1 \text{ のときは，正，負の } c \text{ の約数} \\ a \neq 1 \text{ のときは，分母が } a \text{ の約数，} \\ \qquad\qquad \text{分子が } c \text{ の約数である正，負の分数} \end{cases}$$

を代入する．なお，約数とはその数を割り切れる整数のことをいう．

例題 7.2

次の式を因数定理により因数分解せよ．
(1) $2x^2 + x - 3$ (2) $-3x^2 + 7x - 2$

解 (1) $f(x) = 2x^2 + x - 3$ において $f(1) = 2 \times 1^2 + 1 - 3 = 0$ より $f(x)$ は $x-1$ を因数にもつ．

$f(x)$ を $x-1$ で割って商 $2x+3$ を得る．

よって，$2x^2 + x - 3 = (2x+3)(x-1)$ となる．

(2) $f(x) = -3x^2 + 7x - 2$ において $f(2) = -3 \times 2^2 + 7 \times 2 - 2 = 0$ より $f(x)$ は $x-2$ を因数にもつ．

$f(x)$ を $x-2$ で割って商 $-3x+1$ を得る．

よって，$-3x^2 + 7x - 2 = -(3x-1)(x-2)$ となる．

問 7.3 次の式を因数定理により因数分解せよ．

(1) $x^2 - 4$ (2) $4x^2 - 9$ (3) $x^2 + 4x + 4$
(4) $x^2 + 2x - 3$ (5) $2x^2 + 5x + 3$ (6) $6x^2 - x - 1$

7.4 判別式

1次方程式がそうであったように，2次方程式を解くことは2次関数の曲線と x 軸との共有点を求めることと同じである．すなわち，2次方程式の2つの解が得られたならば，その2次式と同じ式で表される2次関数のグラフは図7.2の(ア)になる．それでは，どのようなときに(イ)と(ウ)になるのであろうか．

これまで，x 軸と曲線が共有点をもつかどうかということを考えてきた．共有点があれば，その座標は実数であるから，その場合の方程式の解を **実数解** という．(イ)の曲線は x 軸と接しているので実数解が1つ，(ウ)は x 軸と交わっていないので実数解の個数は0ということになる．しかし，解の公式(7.7)で実数解が得られないということがあるだろうか．

実は，式(7.4)から式(7.5)を導く際に，何のことわりもなしに根号の中が正または0 ($b^2 - 4ac \geq 0$) として変形した．ところが，一般的には根号の中が負になることがあり得る．したがって，式の変形を進めていくとき，根号の中の符号に応じて場合分けが必要になる．

解の公式 (7.7) で根号の中を次のようにおく．

--- **2 次方程式の判別式** ---
$$D = b^2 - 4ac \tag{7.10}$$

そのとき，D を **2 次方程式の判別式** という．この判別式は，2 次方程式を考えるうえで欠かせないものである．この判別式を用いると，2 次方程式の解は，次のように分類できる．

2 次方程式の実数解の個数 $\begin{cases} D > 0 & 2\text{個 }(\textbf{2 つの実数解}\text{という}) \\ D = 0 & 1\text{個 }(\textbf{2 重解}\text{という}) \\ D < 0 & 0\text{個} \end{cases}$

図 7.2 と判別式 D を対応させると，(ア) が $D > 0$，(イ) が $D = 0$，(ウ) が $D < 0$ の場合になる．

例題 7.3
次の 2 次方程式の判別式を求めよ．
(1) $x^2 + x - 2 = 0$　　(2) $x^2 + 3x + 1 = 0$
(3) $x^2 - 1 = 0$　　(4) $2x^2 + 2x + 3 = 0$

解 (1) $D = 1^2 - 4 \times 1 \times (-2) = 9$　　(2) $D = 3^2 - 4 \times 1 \times 1 = 5$
(3) $D = 0^2 - 4 \times 1 \times (-1) = 4$　　(4) $D = 2^2 - 4 \times 2 \times 3 = -20$

問 7.4 次の 2 次関数の曲線と x 軸との共有点の個数を判別式を利用して調べよ．
(1) $y = 2x^2 + x - 3$　　(2) $y = \dfrac{1}{2}x^2 + 2$
(3) $y = -2 + 7x - 3x^2$　　(4) $y = -x^2 + 4x - 4$

7.5 2次不等式

$a \neq 0$ として
$$ax^2 + bx + c > 0 \quad (\text{または} \quad ax^2 + bx + c < 0) \quad (7.11)$$
を **2次不等式**という (等号が含まれてもよい).

この2次不等式を解く方法はいろいろあるが，グラフに関連づけるとわかりやすい (図 7.5)．すなわち，左辺の2次関数のグラフが x 軸より上 (または下) になる x の範囲を求めればよい．

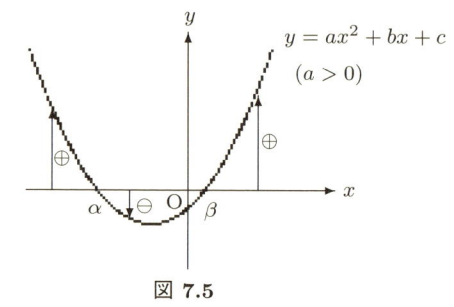

図 7.5

したがって，2次関数のグラフを正しく描ければ，すぐにその範囲は得られる．次に，その手順を示す．

---

(1) a の符号を確認する． → 曲線が上に凸か下に凸かの判定

(2) 判別式 D の符号を確認する．
　　　　　　→ 曲線が x 軸と交点をもつかどうかの判定

(3) 与式の不等号の向きにあった曲線部分が存在するかどうかを確認する．

　該当部分が存在する　→　その x 軸上の範囲が求める解
　曲線が x 軸の上方 (または下方) にあるとき，解はすべての実数．
　該当部分が存在しない → 解なし

例題 7.4

次の 2 次不等式を解け.

(1) $(x-1)(x+2) > 0$　　(2) $(x-1)(x+2) \leqq 0$

(3) $x^2 + x + 1 > 0$　　(4) $x^2 + x + 1 \leqq 0$

解　(1) と (2), および (3) と (4) の不等式の左辺を 2 次関数とするグラフを図 7.6 に示す.

　グラフから $y = (x-1)(x+2)$ が正になる x の範囲が, (1) の解で $x < -2$ および $x > 1$, 0 または負になる x の範囲が, (2) の解で $-2 \leqq x \leqq 1$. さらに $y = x^2 + x + 1$ は x によらず y はつねに正であるから, (3) の解 x はすべての実数, (4) は解なしである.

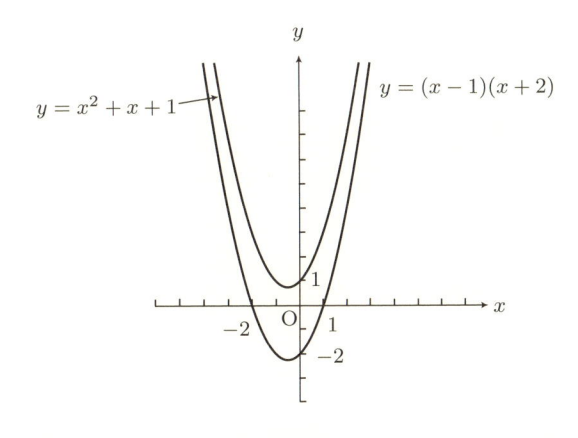

図 7.6

問 7.5　次の 2 次不等式を解け.

(1) $2x^2 + x - 3 > 0$　　(2) $\dfrac{1}{2}x^2 + 2 \leqq 0$

(3) $-2 + 7x - 3x^2 < 0$　　(4) $-x^2 + 4x - 4 \geqq 0$

7.6　純虚数

2 次方程式の解は解の公式 (7.7) で与えられるが, 判別式 D の符号が負の場合には実数解が存在しない. それは, 根号の中が負になるためで

ある．ここで，改めて根号の意味を考えてみよう．

任意の実数 a と b の間に，次の関係が成り立つとする．
$$b = \sqrt{a} \tag{7.12}$$
両辺を2乗する．
$$b^2 = a \geq 0 \tag{7.13}$$
式 (7.13) から，任意といっても「根号の中の実数 a は 0 または正」でなければならないことがわかる．したがって，実数解を得るためには，根号の中の判別式 D には 0 または正という条件がつく．しかし，次の2次方程式
$$x^2 + 2x + 2 = 0 \tag{7.14}$$
の各係数を解の公式 (7.7) に代入してみると
$$x = \frac{-2 \pm \sqrt{-4}}{2} \tag{7.15}$$
のように根号の中が負になる．この結果は，根号の中が正という条件を満足しない．したがって，式 (7.14) の2次方程式を満たす実数解を求めることはできない．このように，数を実数に限定すると，解の公式を適用することができない2次方程式が存在することになる．

2次方程式の解の公式をどのような方程式にでも適用できるようにするためには，数の概念を拡張しなければならない．それは，任意の正の実数を a として
$$b = \sqrt{-a} \quad \rightarrow \quad b^2 = -a < 0 \tag{7.16}$$
のように「2乗して負になる数」を定義することである．この数 b は，実数ではない新しい数であり，**純虚数**とよばれる．実数で単位となる数が 1 であるように，純虚数も単位となる数を次のように定義する．

$$i = \sqrt{-1} \quad \rightarrow \quad i^2 = -1 \tag{7.17}$$

すなわち，2乗して -1 になる数で，この i を**虚数単位**という．虚数単

位 i を用いて，$a > 0$ のとき
$$\sqrt{-a} = \sqrt{a}\,i \qquad (a > 0) \tag{7.18}$$
と約束する．したがって
$$\sqrt{-4} = 2i$$
となり，式 (7.15) の解は次のようになる．
$$x = -1 \pm i \tag{7.19}$$

例題 7.5
次の計算をせよ．
(1) i^2 (2) i^3 (3) i^4 (4) i^5 (5) i^6

解 (1) -1 (2) $-i$ (3) 1 (4) i (5) -1
(注意) 虚数計算の基本は，$i^2 = -1$ である．したがって，i^2 をもとにして
$$i^3 = i^2 \times i = (-1) \times i = -i$$
$$i^4 = i^2 \times i^2 = (i^2)^2 = (-1)^2 = 1$$
$$i^5 = i^2 \times i^2 \times i = (i^2)^2 \times i = (-1)^2 \times i = i$$
$$i^6 = i^2 \times i^2 \times i^2 = (i^2)^3 = (-1)^3 = -1$$
のように計算する．

問 7.6 次の計算をせよ．
(1) $(-i)^2$ (2) $(2i)^3$ (3) $(-\sqrt{2}i)^4$ (4) $(-i)^5$ (5) $(-\sqrt{2}i)^6$

問 7.7 次の 2 次方程式の判別式と解を求めよ．
(1) $x^2 + 4 = 0$ (2) $x^2 + 2x + 5 = 0$
(3) $x^2 + x + 1 = 0$ (4) $-x^2 + 2x - 4 = 0$

7.7 複素数と複素平面

2 次方程式の解の公式をいろいろな 2 次方程式に適用すると，式 (7.19) の右辺のように実数と純虚数の和という新しい数があらわれた．この数を **複素数**(または **虚数**) という．複素数の登場によって，図 7.7 に示すよ

うに数が一挙に拡張される．

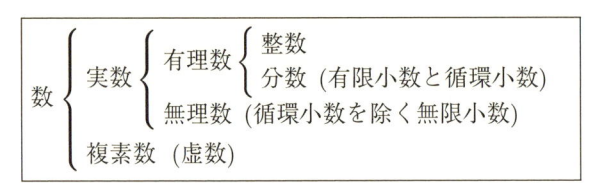

$$
数\begin{cases}実数\begin{cases}有理数\begin{cases}整数\\分数\ (有限小数と循環小数)\end{cases}\\無理数\ (循環小数を除く無限小数)\end{cases}\\複素数\ (虚数)\end{cases}
$$

図 **7.7** 複素数

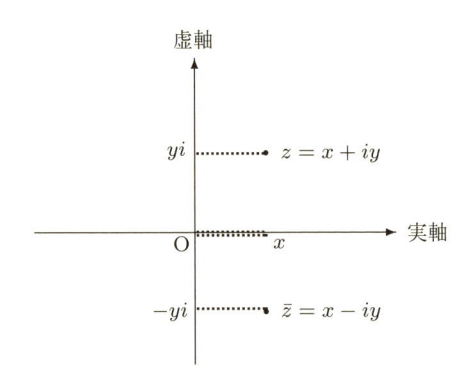

図 **7.8** 複素平面

一般に，複素数 z を 2 つの実数 x と y によって

$$z = x + yi \tag{7.20}$$

と表し，x を複素数 z の**実部**，y を複素数 z の**虚部**とよぶ．特に，実部が 0 の複素数が純虚数である．なお，式 (7.20) の虚部の符号を変えた

$$\bar{z} = x - yi \tag{7.21}$$

を複素数 z の**共役複素数**という．

複素数 z の実部 x を水平軸にとり**実軸**，虚部 y を垂直軸に対応させて**虚軸**といい，2 つの軸を含む平面を**複素平面**(図 7.8) とよび，複素数 z をその複素平面上の 1 つの点に対応させることができる．そのとき，共役複素数 $\bar{z}$ は，複素数 z の実軸に関して対称な点となる．

例題 7.6

次の複素数を複素平面上の点で表せ．

(1) i (2) $-2i$ (3) $2-3i$ (4) $4+i$ (5) $i-4$

解 図 7.9．

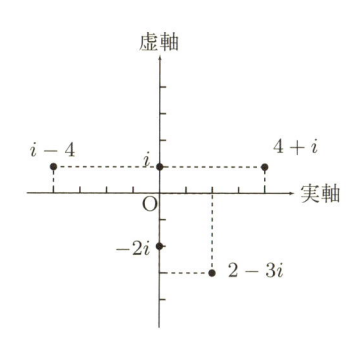

図 **7.9**

例題 7.7

次のものを $x+yi$ の形で表せ．

(1) $\sqrt{-5}$ (2) $(3+2i)+(4-\sqrt{-4})$

(3) $(3+2i)-(4-2i)$ (4) $(2-i)(-3+2i)$ (5) $\dfrac{1}{i}$

(6) $\dfrac{1}{3+4i}$ (7) $\dfrac{2+i}{3+4i}$

解 (1) $\sqrt{5}i$

複素数の和と差の演算は次のように実部と虚部を別々に計算する．

(2) $(3+2i)+(4-\sqrt{-4}) = 3+2i+4-2i$
$= (3+4)+(2-2)i = 7$

(3) $(3+2i)-(4-2i) = (3-4)+(2+2)i = -1+4i$

(4) 複素数の積は $i^2=-1$ に注意して，通常の文字の計算と同様にしてかっこをはずす．

$$(2-i)(-3+2i) = 2 \times (-3) + 2 \times (2i) + (-i) \times (-3) + (-i) \times (2i)$$
$$= -6 + 4i + 3i + 2 = 2 - 6 + (4+3)i = -4 + 7i$$

(5) $\dfrac{1}{i} = \dfrac{1}{i} \times \dfrac{i}{i} = \dfrac{i}{i^2} = -i$

(6) 分母の共役複素数を分子と分母に掛ける．
$$\dfrac{1}{3+4i} = \dfrac{1}{3+4i} \times \dfrac{3-4i}{3-4i} = \dfrac{3-4i}{9+16} = \dfrac{3}{25} - \dfrac{4}{25}i$$
$(a+bi)(a-bi) = a^2 + b^2$ のように共役複素数どうしの積は，必ず実数になる．

(7) $\dfrac{2+i}{3+4i} = \dfrac{2+i}{3+4i} \times \dfrac{3-4i}{3-4i} = \dfrac{10-5i}{25} = \dfrac{2-i}{5} = \dfrac{2}{5} - \dfrac{1}{5}i$

問 7.8 次の複素数を $x + yi$ の形で表せ．

(1) $(3-i)(3+i)$ (2) $\dfrac{2+3i}{i}$ (3) $\dfrac{2}{i} + \dfrac{1}{i-1}$

(4) $\dfrac{1+i}{2+i} + \dfrac{1-i}{2-i}$

7.8 複素数と 2 次方程式の解

複素数を導入すると，2 次方程式の解は，改めて次のように分類することができる．

解の個数 $\begin{cases} D > 0 & 2 \text{個の実数解} \\ D = 0 & 1 \text{個の実数解 (重解)} \\ D < 0 & 2 \text{個の}\textbf{虚数解}(\text{互いに共役複素数になる}) \end{cases}$

問 7.9 次の 2 次方程式の解を判別式により調べよ．

(1) $2x^2 + x - 3 = 0$ (2) $x^2 + 4 = 0$
(3) $-2 + 7x - 3x^2 = 0$ (4) $-x^2 + 4x - 5 = 0$

7.9 2次関数の最大値と最小値

関数は，定義域 (x のとり得る値の範囲) にともない値域 (y のとり得る値の範囲) をもつ．そのとき，値域の最大の値をその関数 y の**最大値**，値域の最小の値をその関数 y の**最小値**という．図 7.10 に示す曲線で点 A の y 座標が最大値，点 B の y 座標が最小値に相当する．

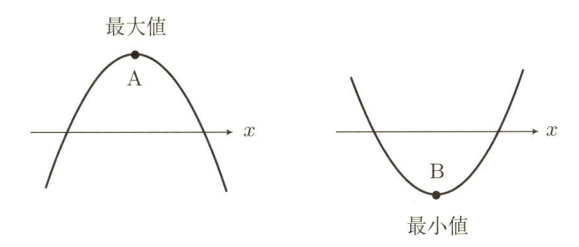

図 **7.10** 最大値と最小値

定義域が実数全体である 2 次関数の最大値と最小値は，次のようにして求める．式の導き方は，式 (7.4) から式 (7.5) を導く際の変形と同じである．

$$y = ax^2 + bx + c = a\left(x + \frac{b}{2a}\right)^2 - \frac{b^2 - 4ac}{4a} \qquad (7.22)$$

まず，$a > 0$ としよう．そのとき，式 (7.22) の右辺第 1 項は 0 または正になるので，右辺第 1 項が 0 になる

$$x = -\frac{b}{2a} \quad \text{で最小値} \quad -\frac{b^2 - 4ac}{4a}$$

となる．一方，式 (7.22) の右辺第 1 項が大きくなれば，y が限りなく大きくなることができるので y の最大値は存在しない．

次に，$a < 0$ のとき式 (7.22) の右辺第 1 項は 0 または負になるので，右辺第 1 項が 0 になる

$$x = -\frac{b}{2a} \quad \text{で最大値} \quad -\frac{b^2 - 4ac}{4a}$$

になる．

以上のことは，次のようにまとめることができる．

$$a>0 \text{ のとき} \quad x=-\frac{b}{2a} \quad \text{で最小値} \quad -\frac{b^2-4ac}{4a}$$

$$a<0 \text{ のとき} \quad x=-\frac{b}{2a} \quad \text{で最大値} \quad -\frac{b^2-4ac}{4a}$$

ここに示したように，a の符号によって最大値か最小値かは異なるが，両者とその座標 x は同じ表現になる．

最大値および最小値を与える座標 $x=-b/2a$ は，式 (7.6) の α と β で

$$x=-\frac{b}{2a}=\frac{\alpha+\beta}{2} \tag{7.23}$$

と表すことができる．したがって，曲線が x 軸と 2 点で交わるとき，最大値または最小値になる x 座標はその中点になる．なお，式 (7.23) が示す直線に関して曲線は対称になるので，式 (7.23) は曲線の**対称軸**を与える．また，別ないい方をすると，2 次関数の最大値，または最小値はグラフの対称軸の上にあるということになる．

例題 7.8

次の 2 次関数の最大値または最小値を求めよ．
(1) $y=x^2-4x+3$ (2) $y=-x^2+4x-2$
(3) $y=-x^2+4x-2 \quad (-1 \leqq x \leqq 4)$

解 (1) 定義域が実数全体，さらに x^2 の係数が正であるから
$$y=x^2-4x+3=(x-2)^2-1$$
と変形して，$x=2$ で最小値 -1 である．

(2) 定義域が実数全体，さらに x^2 の係数が負であるから
$$y=-x^2+4x-2=-(x-2)^2+2$$
と変形して，$x=2$ で最大値 2 である．

(3) (2) の解と図 7.11 のグラフから
$x=2$ で最大値 2，$x=-1$ で最小値 -7 である．

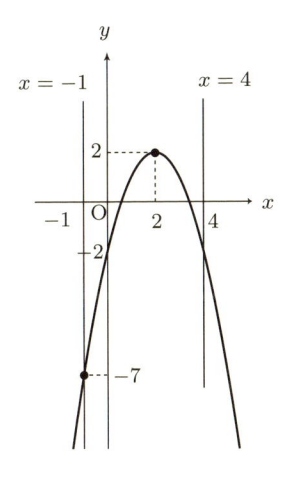

図 **7.11**

問 7.10 次の 2 次関数の最大値または最小値を,定義域が

　　ア.実数全体　　イ.$0 \leqq x \leqq 2$

の 2 とおりの場合で求めよ.

(1)　$y = 2x^2 + x - 3$　　(2)　$y = \dfrac{1}{2}x^2 + 2$

(3)　$y = -3x^2 + 7x - 2$　　(4)　$y = -x^2 + 4x - 4$

第8章 3次関数

8.1 3次関数とグラフ

 3次関数のうちでもっとも簡単なものが，3次のべき関数
$$y = x^3$$
である．一般形は，$a \neq 0$ および b, c, d を定数として次で与えられる．
$$y = ax^3 + bx^2 + cx + d \tag{8.1}$$
一般形でグラフを描くのは難しいので
$$y = (x+1)(x-2)(x-4) \tag{8.2}$$
の曲線の概形を次の方法で描いてみよう．

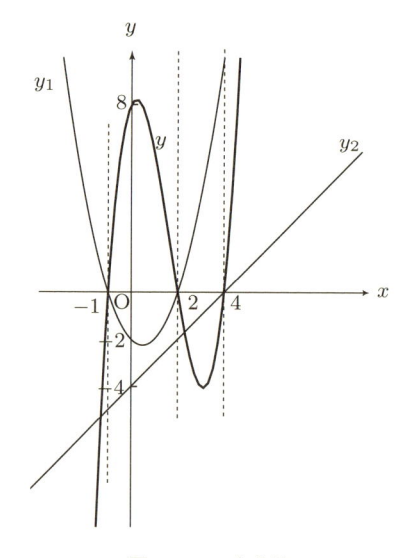

図 8.1　3次曲線

$y_1 = (x+1)(x-2)$ および $y_2 = x-4$ とおくと，式 (8.2) は $y = y_1 y_2$ と表すことができる．y_1 は 2 次関数，y_2 は 1 次関数である．それぞれの曲線を描いて，図の上で両者の積を求めて 3 次関数の曲線の概形を描く．

図 8.1 に示すように，y_1 は $x = 1/2$ に対称軸をもち，最小値の座標が $(1/2, -9/4)$，x 軸との交点が $(-1, 0)$ と $(2, 0)$，それと $(0, -2)$ と $(1, -2)$ を通る放物線である．図には，1 次関数 $y_2 = x - 4$ も示してある．

図の上で 2 本の曲線 (直線も含む) から y_1 と y_2 の積を求めて，新しい曲線が通る座標を数個得ることによって概形を描く．その手順を次に示す．

グラフの概形を描く手順

1. 曲線が x 軸を横切る点を確認する (以後 x 軸上のその点およびその x 座標をゼロ点ということにする)．
   → いまは $x_1 = -1$，$x_2 = 2$，$x_3 = 4$ である．
2. ゼロ点にはさまれた区間で，所定の計算をする．
   → いまは積であるから，特に y の符号に注意する．

$$y_1 \text{ と } y_2 \text{ が} \begin{cases} \text{同符号なら } y \text{ が正} \\ \text{異符号なら } y \text{ が負} \end{cases} \text{になる．}$$

3. わかりやすい座標 ($x = 0$ や $x = \pm 1$ など) および曲線を描くときに必要となる点を数点確認する．
   → いまは $x = 0$ で $y_1 = -2$，$y_2 = -4$ であるから $y = y_1 y_2 = 8$，したがって $(0, 8)$ を通る．さらに，x_1 より小さな数個の整数の x 座標に対して y を計算し，x_3 より大きな数個の整数の x 座標に対して y を計算し点を取る．

(注意) 点は多いほどよいが，いま描いている方法の趣旨に反しないようにする．そうでなければ，最初から 3 次関数に x 座標を代入して y 座標を求めるのと変わらなくなる．

以上の方法によって，いまの場合は 6 点が得られたので，それらを滑らかにつなげば 3 次関数の曲線の概形を描くことができる．なお，3 次

関数の曲線を正確に描くには，微分法を利用する (8.4 節の高次関数も同様である)．このことについては，改めて 14.4 節の微分法の応用で説明する．

例題 8.1
次の 3 次関数の曲線の概形を描け．
(1) $y = x(x-1)(x+1)$ (2) $y = (x-1)(x^2+x+1)$

解 図 8.2, (2) の関数は $y = x^3 - 1$ と同じである．

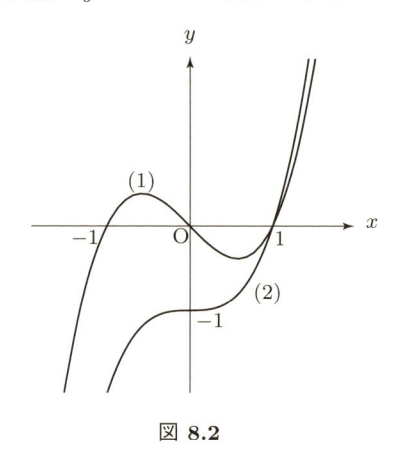

図 8.2

問 8.1 次の 3 次関数の曲線の概形を描け．
(1) $y = x^3 + 1$ (2) $y = x^3 + x^2 + x + 1$ (3) $y = x^3 - 2x^2 + x$

8.2 極大値と極小値

値域の最大を最大値，値域の最小を最小値とよぶことは 2 次関数で説明した．最大値・最小値とまぎらわしいものに**極大値**・**極小値**がある．

図 8.3 に示す関数 $y = f(x)$ (定義域：$a \leqq x \leqq b$) の曲線において，点 A は山の頂である．この点を**極大点**といい，$f(x_1)$ を極大値という．点 B は谷底であり**極小点**といい，$f(x_2)$ を極小値という．極大値と極小値を

8.2 極大値と極小値

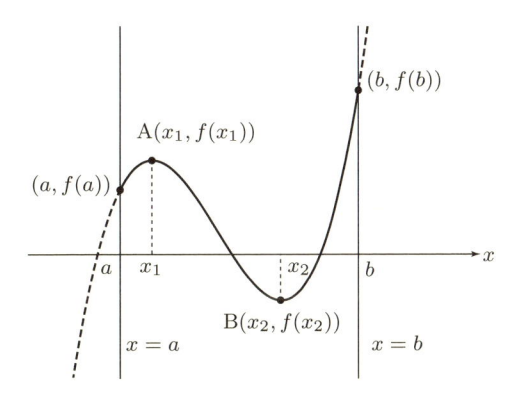

図 8.3 極値と最大値・最小値

あわせて**極値**とよぶ．

極大値 (または極小値) はそのごく近くに，その値より大きな (または小さな) 値をもつ点がないときに使われる．なお，図のとおりの大小関係でいうならば最大値は $f(b)$，最小値は極小値と一致して $f(x_2)$ である．

例題 8.2

図 8.4 の 3 次関数の曲線について，次の定義域で極値および最大値・最小値を求めよ．ただし，$y_3 > y_m > y_1 > y_2 > y_n$ とする．

(1) 実数全体　　(2) $x_1 \leqq x \leqq x_2$

(3) $x_2 \leqq x \leqq x_3$　　(4) $x_1 \leqq x \leqq x_3$

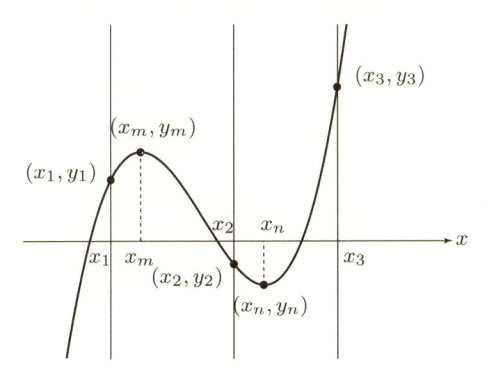

図 8.4

解 表 8.1.

表 **8.1** 極値と最大値,最小値の例

	定義域	極大値	極小値	最大値	最小値
(1)	実数全体	y_m	y_n	なし	なし
(2)	$x_1 \leqq x \leqq x_2$	y_m	なし	y_m	y_2
(3)	$x_2 \leqq x \leqq x_3$	なし	y_n	y_3	y_n
(4)	$x_1 \leqq x \leqq x_3$	y_m	y_n	y_3	y_n

8.3 いろいろな 3 次関数のグラフ

3 次関数の曲線が必ず図 8.1 のようになるとは限らないが,もっとも基本となるものである.もし,曲線が上方向 (または下方向) に移動して,極小点 (または極大点) が x 軸に接すれば,x 軸との共有点は 2 個 ($x = \alpha$, $x = \beta$ とする) になり,そのうちの 1 つは 2 次方程式の重解 ($x = \beta$ とする) に対応する.そのとき,3 次関数は次のように表すことができる.

$$y = a(x - \alpha)(x - \beta)^2 \qquad (a \neq 0) \tag{8.3}$$

さらに曲線が上 (または下) に移動すると,x 軸との共有点は 1 つ ($x = \alpha_1$ とする) で 3 次関数は

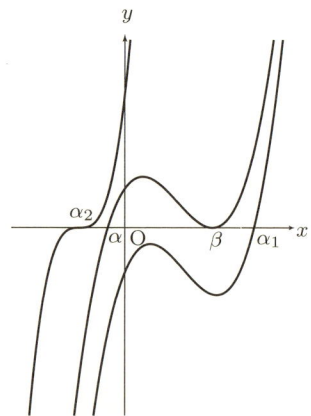

図 **8.5** いろいろな 3 次曲線

8.3 いろいろな3次関数のグラフ

$$y = a(x - \alpha_1)(x^2 + bx + c) \quad (\text{ただし } D = b^2 - 4c < 0) \quad (8.4)$$

になり，2次式の部分を0とおいた2次方程式の判別式は負になる．また，式 (8.3) で α と β の値がしだいに接近し，α_2 で一致すると，式は

$$y = a(x - \alpha_2)^3 \tag{8.5}$$

になる．この y を0とおいた3次方程式の解を **3重解** という．$\alpha_2 = 0$ のときが

$$y = ax^3$$

となる．これは，第5章で示した3次のべき関数である．

例題 8.3

次の3次関数の概形を描け．
(1) $y = x^3 - x^2 - x - 2$ (2) $y = -x^3 + 3x^2 - 3x + 1$

解 図 8.6，(1) は $y = (x-2)(x^2 + x + 1)$，(2) は $y = -(x-1)^3$ と因数分解できる．

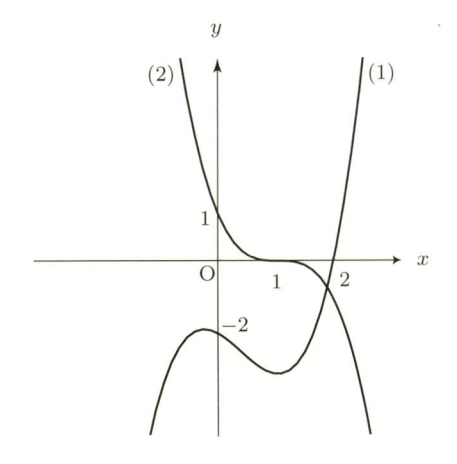

図 8.6

8.4 高次関数の曲線と x 軸との共有点

一般的に 3 次以上の関数を総称して**高次関数**という．これから高次関数の曲線と x 軸との共有点の個数を調べることにしよう．

3 次関数の曲線と x 軸との共有点は，少なくとも 1 個ある．3 次関数の一般式 (8.1) で，そのことを説明する．いま，x^3 の係数を $a > 0$ とすると，a, b, c の係数が有限であれば，x の絶対値が極端に大きくなると，式 (8.1) の中で右辺第 1 項の絶対値がもっとも大きくなる．したがって，$x > 0$ で $y > 0$，$x < 0$ で $y < 0$ になり，符号の異なる 2 点を結ぶ曲線は 1 回は x 軸を横切らねばならないことになる．一方，式 (8.2) のように完全に因数分解できるときには 3 か所で x 軸と交わる．したがって，3 次関数の曲線の x 軸との共有点は，1～3 個となる．

それでは

$$y = ax^4 + bx^3 + cx^2 + dx + e \qquad (a \neq 0) \tag{8.6}$$

の **4 次関数**はどうであろうか．$a > 0$ として，x の絶対値が極端に大きくなると，式 (8.6) の中で右辺第 1 項がもっとも大きくなり，$x > 0$ で $y > 0$，$x < 0$ で $y > 0$ の同符号になる．したがって，係数によっては，4 次関数の曲線は x と交わらない場合がある．一方，式 (8.6) の右辺が 4 個の 1 次式の積に完全に因数分解されたならば，曲線は x 軸と 4 か所で交わる．よって，4 次曲線と x 軸との共有点は，0～4 個である．

以上のことから，1 次，2 次および高次関数を含めた **n 次関数**の曲線と x 軸との共有点の個数を表 8.2 と次にまとめておく．

表 **8.2** n 次関数の曲線と x 軸との共有点の個数

n 次関数	最少個数	最多個数
1 次	1	1
2 次	0	2
3 次	1	3
4 次	0	4

8.4 高次関数の曲線と x 軸との共有点

n 次関数の曲線と x 軸との共有点の個数 $\begin{cases} \text{最少個数は} \begin{cases} n \text{ が偶数のとき 0 個} \\ n \text{ が奇数のとき 1 個} \end{cases} \\ \text{最多個数は } n \text{ 個} \end{cases}$

以上のことは，n 次関数のグラフの概形を考えるうえで重要である．あとは，どこまで実数の範囲で 1 次式の積に因数分解できるかにより x 軸との共有点の数が決まる．

例題 8.4
4 次関数，5 次関数の曲線の概形を式を想定して 2 つずつ描け．

解 図 8.7.

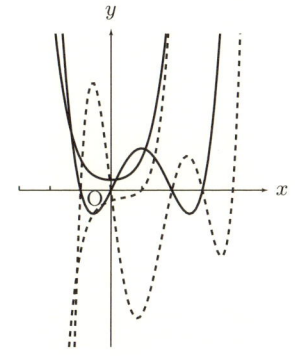

実線：4 次関数　　$y = x^4 + 1, \ y = x(x+1)(x-2)(x-3)$
破線：5 次関数　　$y = x^5 - 1,$
　　　　　　　　　$y = x(x+1)(x-2)(x-3)(x-4)$

図 **8.7**

第 9 章　分　数　関　数

9.1　分数関数とグラフ

陽関数 $y = f(x)$ の形式で表したとき，$f(x)$ が分数式になる関数を**分数関数**という．そのもっとも簡単な例が，次の関数である．

$$y = \frac{1}{x} \tag{9.1}$$

分数関数は，分母が 0 になる x の値に対しては定義されない．したがって，式 (9.1) の分数関数の定義域は，示されていないが $x = 0$ を除く実数全体である．

式 (9.1) の関数のグラフは，図 9.1 に示す**双曲線**とよばれる曲線になる．この関数は，式 (5.3) の関係 $f(-x) = -f(x)$ を満たすから奇関数であり，グラフは原点に関して対称になる．なお，グラフは，直線 $y = x$ に関しても対称である．

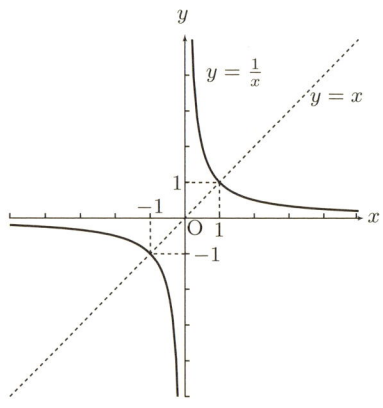

図 **9.1**　双曲線

原点から遠ざかるにつれて曲線がある直線に限りなく近づくとき，その直線を**漸近線**という．図 9.1 に示す双曲線の漸近線は，x 軸 (直線 $y=0$) と y 軸 (直線 $x=0$) である．

例題 9.1

$y = \dfrac{1}{x^2}$ のグラフを描け．

解　まず，$y = x^2$ のグラフを描き，$x \neq 0$ の各座標において y の値の逆数を打点して描けばよい (図 9.2)．

$f(x) = 1/x^2$ とおくと，$f(-x) = f(x)$ を満たすので，この関数は偶関数となり，グラフは，図のように y 軸に関して対称となる．

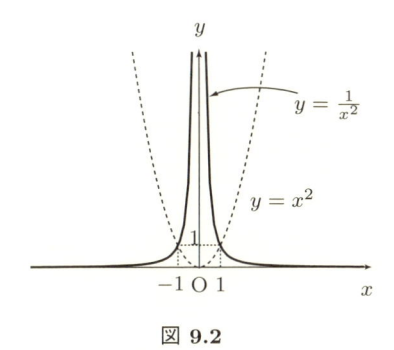

図 9.2

問 9.1　次の関数のグラフの概形を描け．
 (1)　$y = \dfrac{1}{x^3}$　　(2)　$y = \dfrac{1}{x^4}$

9.2　グラフの平行移動

関数
$$y = \frac{1}{x-1} \tag{9.2}$$
のグラフを描いてみよう．

1 次関数 $y = x - 1$ の直線を描き，次に分母が 0 になる座標 $x = 1$ を除

いて y の値の逆数を次々に打点していけば図 9.3 に示す曲線が得られる．

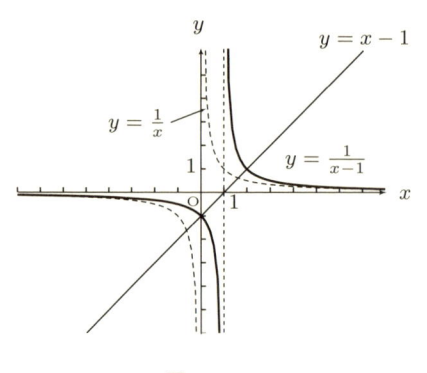

図 9.3

この図には，$y = 1/x$ の双曲線も破線で示してある．両者の形状は完全に一致する．すなわち，$y = 1/x$ の曲線を x 軸の正の方向に 1 だけ平行移動したものが $y = 1/(x-1)$ の曲線になる．

さらに，次の関数

$$y = \frac{x+1}{x} = \frac{1}{x} + 1 \tag{9.3}$$

のグラフを図 9.4 に示す．図中に $y = 1/x$ の双曲線を破線で示してある．両者の形状は同じであり，$y = 1/x$ の曲線を y 軸の正の方向に 1 だけ平行移動すると $y = (x+1)/x$ の曲線になる．

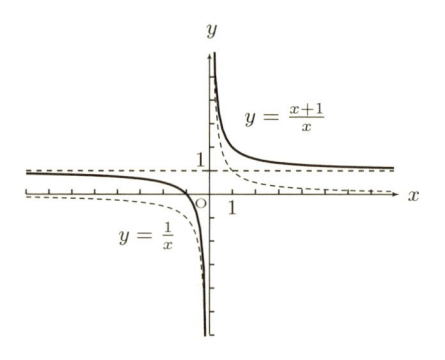

図 9.4

9.2 グラフの平行移動

グラフの平行移動については，2次関数のグラフでも説明した (7.1節)．ここで，任意の関数 $y = f(x)$ についてグラフの平行移動をまとめておく．

─ グラフの平行移動 ─────────────
$y = f(x - a) + b$ は $y = f(x)$ のグラフを
$$\begin{cases} x \text{ 軸に沿って } a \text{ だけ} \\ \quad (a > 0 \text{ ならば } x \text{ 軸の正の方向}, \ a < 0 \text{ ならば } x \text{ 軸の負の方向}) \\ y \text{ 軸に沿って } b \text{ だけ} \\ \quad (b > 0 \text{ ならば } y \text{ 軸の正の方向}, \ b < 0 \text{ ならば } y \text{ 軸の負の方向}) \end{cases}$$
平行移動させたものである．

例題 9.2

(a) $y = x^3$ (b) $y = \dfrac{1}{x^2}$

を次のように平行移動して得られる関数とその曲線をそれぞれ求めよ．

(1) x 軸に沿って -2 (2) y 軸に沿って 3
(3) x 軸に沿って 2, y 軸に沿って -3

解 (a) (1) $y = (x+2)^3$ (2) $y = x^3 + 3$
(3) $y = (x-2)^3 - 3$
(b) (1) $y = \dfrac{1}{(x+2)^2}$ (2) $y = \dfrac{1}{x^2} + 3$
(3) $y = \dfrac{1}{(x-2)^2} - 3$

グラフは図 9.5 参照．

(a)　　　　　　　　　　　　　　(b)

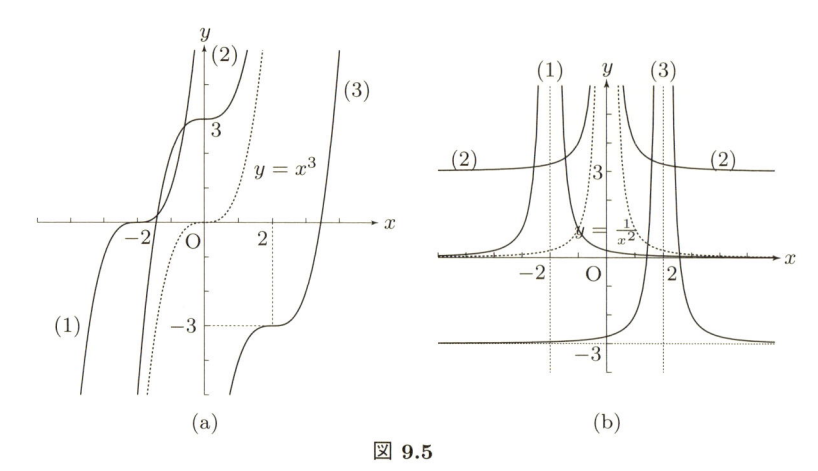

図 **9.5**

問 9.2 次の各問で関数 y_1 のグラフを平行移動して関数 y_2 のグラフの概形を描け．

(1)　$y_1 = x^2,\ \ y_2 = (x-2)^2 - 1$　　(2)　$y_1 = \dfrac{1}{x},\ \ y_2 = \dfrac{1}{x-1} + 2$

第10章　無　理　関　数

10.1　無理関数とグラフ

$y = f(x)$ において，$f(x)$ が x について無理式となる関数を**無理関数**という．無理関数のうちでもっとも簡単なものが

$$y = \sqrt{x} \tag{10.1}$$

であり，そのグラフを図 10.1 に示す．なお，根号の中は 0 または正でなければならないので，定義域は $x \geqq 0$ である．

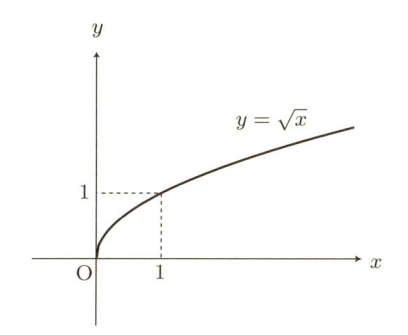

図 10.1

次に

$$y = \sqrt{4 - x^2} \tag{10.2}$$

のグラフを描いてみよう．まず，定義域は根号の中が 0 または正

$$4 - x^2 \geqq 0 \quad \text{より} \quad -2 \leqq x \leqq 2$$

である．したがって，曲線は $-2 \leqq x \leqq 2$ の範囲内にだけあらわれる．そのことを踏まえて

$$y = 4 - x^2 \quad (-2 \leqq x \leqq 2) \tag{10.3}$$

の放物線を描いて，グラフの上で平方根を計算する．ただし，平方根は複号 ($\pm$) になるが式 (10.2) から，いまは正だけをとる．その結果を図 10.2 に示す．

この曲線の正確な形状は，原点に中心をもつ半径 2 の円の上半分である．なお，この関数の両辺を 2 乗して x の項を左辺に移項すると，陰関数表示で，よく知られた原点に中心をもつ半径 2 の円の方程式になる．

$$x^2 + y^2 = 2^2 \tag{10.4}$$

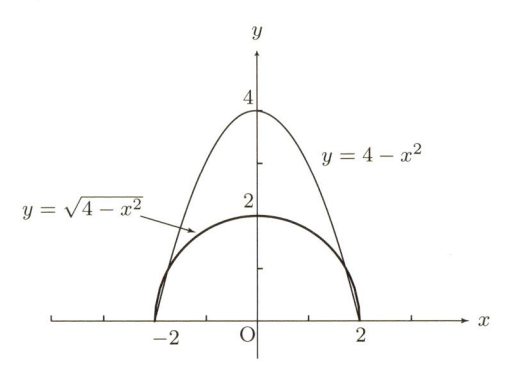

図 10.2

例題 10.1

次の無理関数のグラフを描け．

(1) $y = \sqrt{-x}$ (2) $y = -\sqrt{x}$

解 図 10.3.

(1) 根号の中が 0 または正，$-x \geqq 0$ より定義域が $x \leqq 0$ になる．
(2) $y = -\sqrt{x}$ と $y = \sqrt{x}$ は，x 軸に関して対称な関係にある．

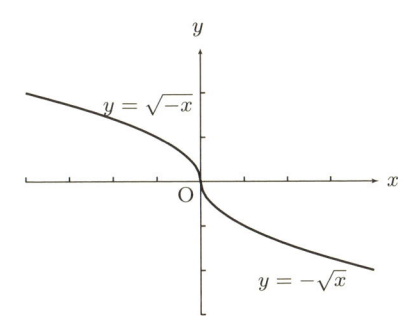

図 10.3

問 10.1 次の無理関数のグラフを描け．
(1) $y = \sqrt{x-1}$ (2) $y = \sqrt{x+3} + 1$
(3) $y = 1 - \sqrt{x-1}$ (4) $y = \sqrt{4-x}$

10.2 無理方程式

無理関数
$$y = \sqrt{x}$$
と1次関数
$$y = x - 2$$
のグラフの交点 (図 10.4) を求めることは
$$\sqrt{x} = x - 2 \tag{10.5}$$
の方程式を解くことと同じである．

式 (10.5) のように，方程式の中に x の無理式を含むものを**無理方程式**という．無理方程式の解き方は，累乗根をなくすように方程式を変形していく．いまは，式 (10.5) の両辺を2乗して，左辺にすべての項を移項する．その結果，次の2次方程式を得る．
$$x^2 - 5x + 4 = 0 \tag{10.6}$$
この2次方程式は，左辺を $(x-1)(x-4)$ と因数分解することができるので，解の公式を使うまでもなく

74 第 10 章 無理関数

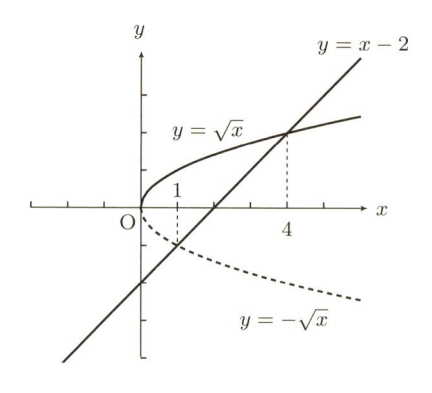

図 10.4

$$x = 1 \quad \text{と} \quad x = 4$$

の 2 つの実数解を得る．

しかし，これらの解を式 (10.5) に代入すると，$x = 1$ の場合は左辺が 1，右辺が -1 になり方程式を満足しない．このように無理方程式を満たさない解がまぎれ込んだ理由は，方程式を変形する際に 2 乗したことによる (1 と -1 は 2 乗するとともに 1 になる)．グラフの上では，図 10.4 に破線で示す $y = -\sqrt{x}$ と 1 次関数の交点を得たことに相当する．したがって，式 (10.5) を満足する解は，$x = 4$ の 1 つだけである．

以上のように，与えられた方程式を変形して得た解のうちで，もとの方程式を満たさないものを**無縁解**という．無縁解は無理方程式だけでなく，x のとり得る値が限定されている (関数でいうと定義域に相当する) とか，不等式の解を求めるときなどにはよくあらわれる．

―― 方程式の変形と無縁解 ――――――――――――――――――――
- 方程式中の任意の項を移項するとか両辺に定数を加減する，あるいは両辺を定数で乗除するなどして得た解は，もとの方程式の解と同じである．
- 両辺を累乗して導いた方程式は，もとの方程式と関係はあるが別のものになる．それを解いて得た解にはもとの方程式を満たさな

いものが含まれることがある．

したがって，解をもとの方程式に代入して，もとの方程式を満たす解だけを選びだす作業が必要になる．

例題 10.2
$x \geqq 0$ において放物線 $y = x^2 - x - 2$ と直線 $y = x + 1$ の交点を求めよ．

解 $x^2 - x - 2 = x + 1$ より 2 次方程式 $x^2 - 2x - 3 = 0$ を得る．

因数分解して $(x+1)(x-3) = 0$ よりひとまず解として $x = -1$ と $x = 3$ を得る．しかし，$x \geqq 0$ の条件を満たす解は $x = 3$ だけである．

(注意) この例題のように無理方程式ではないが，長さを求めるような具体的な問題では，$x \geqq 0$ の条件がともなうことが多い．そのときは，条件を満たさない解をはずさなければならない．

例題 10.3
図 10.4 の実線 $y = \sqrt{x}$ と破線 $y = -\sqrt{x}$ を合わせた曲線の関数を示せ．

解 $y^2 = x$ または $x - y^2 = 0$

問 10.2 次の無理方程式を解け．

(1) $\sqrt{x-1} = 1 - x$ (2) $\sqrt{x+3} - 1 = x$

(3) $1 - \sqrt{2x-1} = -x + 3$ (4) $\sqrt{4-x^2} = x - 2$

第11章　指数関数と対数関数

11.1 指数と対数

a が1でない正の数，p を実数，M を正の数とするとき，a を底として次式が成り立つ．
$$a^p = M \quad (a > 0,\ a \neq 1) \tag{11.1}$$
a と p を与えて a^p により M を求めることを指数計算とよぶ．

次に，a と M を与えて p を求める逆の計算を考えよう．それを
$$p = \log_a M \quad (M > 0) \tag{11.2}$$
と表し，a はやはり底，式 (11.1) では指数であった p を「a を底とする M の**対数**」，M を「a を底とする対数 p の**真数**」という．

式 (11.2) で p を求める計算を対数計算とよぶが，対数計算になれるまでは

$$\boxed{\quad p = \log_a M \quad \longleftrightarrow \quad a^p = M \quad}$$

の関係により，a を何乗すれば M になるかを考えて p をさがせばよい．

実数の指数

第2章で指数を有理数まで定義したが，指数を無理数にまで拡張することができる．$3^{\sqrt{2}} = 3^{1.414121356\cdots}$ を例にして，その定義を示そう．

底が3の指数を1からしだいに $1.414121356\cdots$ に近づけたとき
$$3^1 = 3,\quad 3^{1.4} = 4.655\cdots,\quad 3^{1.41} = 4.706\cdots,\quad 3^{1.414} = 4.727\cdots$$

が近づく値を $3^{\sqrt{2}} = 4.728\cdots$ と定める.

このようにして，式 (11.1) のように任意の実数 p に対して a^p が定義され，指数法則もそのまま使える.

例題 11.1
次を対数で表せ.
(1) $2^{-4} = \dfrac{1}{16}$ (2) $2^{-3} = \dfrac{1}{8}$ (3) $2^{-2} = \dfrac{1}{4}$
(4) $2^{-1} = \dfrac{1}{2}$ (5) $2^0 = 1$ (6) $2^1 = 2$
(7) $2^2 = 4$ (8) $2^3 = 8$ (9) $2^4 = 16$

解 (1) $-4 = \log_2 \dfrac{1}{16}$ (2) $-3 = \log_2 \dfrac{1}{8}$ (3) $-2 = \log_2 \dfrac{1}{4}$
(4) $-1 = \log_2 \dfrac{1}{2}$ (5) $0 = \log_2 1$ (6) $1 = \log_2 2$
(7) $2 = \log_2 4$ (8) $3 = \log_2 8$ (9) $4 = \log_2 16$

例題 11.2
次の対数を求めよ.
(1) $\log_2 1$ (2) $\log_2 2$ (3) $\log_3 1$ (4) $\log_3 3$

解 (1) $2^0 = 1$ より 0 (2) $2^1 = 2$ より 1
(3) $3^0 = 1$ より 0 (4) $3^1 = 3$ より 1

問 11.1 次を対数の式で表せ.
(1) $5^2 = 25$ (2) $10^3 = 1\,000$ (3) $8^{-1} = 0.125$
(4) $4^{\frac{3}{2}} = 8$ (5) $9^{-\frac{3}{2}} = \dfrac{1}{27}$

問 11.2 次の対数の値を求めよ.
(1) $\log_3 9$ (2) $\log_3 \dfrac{1}{9}$ (3) $\log_5 25$ (4) $\log_5 \dfrac{1}{625}$

11.2 常用対数と自然対数

対数の底は 1 でない正の数ならば何をあててもよい．特に，底が 10 の対数

$$\log_{10} M$$

を**常用対数**という．これは，底が 10 の指数に対応するものであり，計算しやすいためによく使用される．そのとき，底の 10 は省略して $\log M$ と表してもよい．

一方，底として次の無理数

$$e = 2.718281828459\cdots \quad (\text{ネピアの定数という})$$

を用いる対数

$$\log_e M$$

を**自然対数**という．この場合も底 e を省略してよいが，常用対数と区別がつかなくなるので

$$\ln M \quad (\text{先頭の文字は L の小文字である})$$

と表す．以後，微分法に入るまではこの表記を用いる．

例題 11.3

次の対数を求めよ．
(1) $\log 100$ (2) $\log 10\,000$ (3) $\log 0.1$ (4) $\log 0.001$

解 (1) $10^2 = 100$ から対数は 2 (2) $10^4 = 10\,000$ から対数は 4
(3) $10^{-1} = 0.1$ から対数は -1 (4) $10^{-3} = 0.001$ から対数は -3

問 11.3 次の対数を求めよ．
(1) $\ln 1$ (2) $\ln e$

11.3 対数の性質

関数電卓を使えば,指数や対数を簡単に求めることができる.しかし,指数や対数の一般的な関係を導くためには,表 11.1 に示す対数の性質を知っておくことが必要である.

対数は指数を表現しなおした (関数でいうと,独立変数と従属変数の立場を入れかえた) ものであるから,対数の性質は指数の式から考えるとわかりやすい.すなわち

$$C^A = B \quad \longleftrightarrow \quad A = \log_C B$$

であり,表現が違うだけで両者は同じものである.

対数に慣れるために,これから表 11.1 に示す対数の性質を導く.まず簡単なものから示すと,a を 1 でない正の数として

$$a^0 = 1 \quad \to \quad 0 = \log_a 1 \quad \therefore \quad \log_a 1 = 0 \tag{1}$$

$$a^1 = a \quad \to \quad 1 = \log_a a \quad \therefore \quad \log_a a = 1 \tag{2}$$

改めて M, N を正の数,c, p, q を任意の実数として

$$a^p = M \quad \longleftrightarrow \quad p = \log_a M$$

$$a^q = N \quad \longleftrightarrow \quad q = \log_a N$$

表 11.1 対数の性質

	関係式	内容
(1)	$\log_a 1 = 0$	真数が 1 の対数は 0
(2)	$\log_a a = 1$	真数が底と等しい対数は 1
(3)	$\log_a MN = \log_a M + \log_a N$	真数の積の対数は対数の和
(4)	$\log_a \dfrac{M}{N} = \log_a M - \log_a N$	真数の商の対数は対数の差
(5)	$\log_a M^c = c \log_a M$	真数の指数は対数の前に出せる
(6)	$\log_N M = \dfrac{\log_c M}{\log_c N}$	底の変換

とおく．そのとき

$a^p a^q = a^{p+q}$ より
$$MN = a^{\log_a M + \log_a N} \to \log_a M + \log_a N = \log_a MN \quad (3)$$

$\dfrac{a^p}{a^q} = a^{p-q}$ より
$$\frac{M}{N} = a^{\log_a M - \log_a N} \to \log_a M - \log_a N = \log_a \frac{M}{N} \quad (4)$$

$a^{pc} = (a^p)^c$ より
$$a^{c \log_a M} = M^c \to c \log_a M = \log_a M^c \quad (5)$$

公式 (6) は次のように導く．

c, M, N を 1 でない正の数として，$N^p = M$ (または $p = \log_N M$) の両辺を c を底とする対数で表すと
$$\log_c N^p = \log_c M$$
ここで公式 (5) を適用すると
$$p \log_c N = \log_c M$$
$$\therefore \quad p = \frac{\log_c M}{\log_c N} \quad (\text{ここで } p \text{ に } \log_N M \text{ を代入する})$$
$$\therefore \quad \log_N M = \frac{\log_c M}{\log_c N} \quad (6)$$

この公式 (6) によって，対数を任意の底に変更することができる．

例題 11.4

指示に従って，次の対数を簡単にせよ．

(1) $\log_2 15$ (底が 2 の対数の和で表す)

(2) $\log_3 \dfrac{16}{5}$ (底が 3 の対数の差で表す)

(3) $\log_3 5$ (底が 2 の対数で表す)

解 (1) 公式 (3) から $\log_2 15 = \log_2 3 \times 5 = \log_2 3 + \log_2 5$

(2) 公式 (4) と (5) から $\log_3 \dfrac{16}{5} = \log_3 \dfrac{2^4}{5} = \log_3 2^4 - \log_3 5$
$= 4\log_3 2 - \log_3 5$

(3) 公式 (6) から $\log_3 5 = \dfrac{\log_2 5}{\log_2 3}$

問 11.4 次の対数を常用対数だけ，および自然対数だけで表せ．
(1) $\log_2 25$ (2) $\log_3 10$ (3) $\log_{100} 9$

11.4 指数関数とグラフ

べき関数 $y = x^n$ は，底 x が変数で指数 n が定数である．いま，立場を入れかえて底 a を定数 (1 でない正の数)，指数 x を変数として次に示す新しい関数をつくる．

$$y = a^x \qquad (a > 0, \quad a \neq 1) \tag{11.3}$$

この関数を**底が a の指数関数**という．なお，「底が何の指数関数」というように，必ず底をつけて表現しなければならない．しかし

$$y = e^x$$

は「底が e の」を省略して，単に**指数関数**とだけよび，特別に扱う．

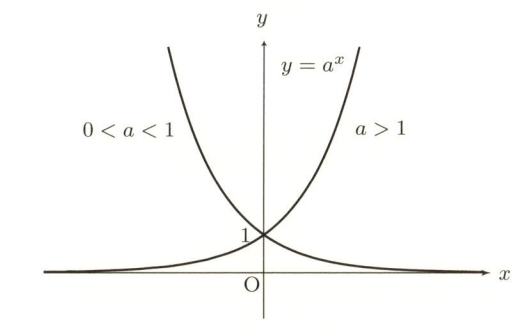

図 11.1 指数関数

指数関数のグラフは，図 11.1 に示すように底 a によって異なる．$a < 1$ で x が増加すると y は滑らかに減少する (**単調減少**という)．逆に，$a > 1$

で x が増加すると y は滑らかに増加する (**単調増加**という). 一方, $a^0 = 1$ により a の値にかかわらず, 指数関数は必ず座標 $(0,1)$ を通る. さらに, 底 a が正であることから, y は必ず正になる. したがって, グラフは xy 平面で点 $(0,1)$ と第 1 象限と第 2 象限だけにしかあらわれない.

例題 11.5
次の問に答えよ.
  (1) -4 から 4 までの整数 n に対して 2^n を計算せよ
  (2) $y = 2^x$ のグラフを描け   (3) $y = \left(\dfrac{1}{2}\right)^x$ のグラフを描け

解 (1) $2^{-4} = \dfrac{1}{16}$, $2^{-3} = \dfrac{1}{8}$, $2^{-2} = \dfrac{1}{4}$, $2^{-1} = \dfrac{1}{2}$, $2^0 = 1$,
$2^1 = 2$, $2^2 = 4$, $2^3 = 8$, $2^4 = 16$
例題 11.1 に与えたものと同じである.
(2) と (3) は図 11.2 参照.

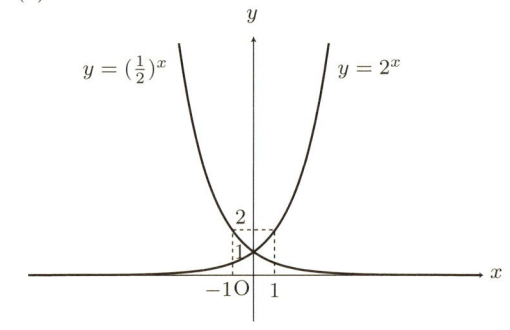

図 11.2

問 11.5 次の関数のグラフの概形を描け.
  (1) $y = 3^x$ (2) $y = -3^x$ (3) $y = 3^{-x}$ (4) $y = -3^{-x}$

11.5　対数関数とグラフ

a を 1 でない正の数として，指数関数

$$y = a^x \tag{11.4}$$

の独立変数 x と従属変数 y の立場を入れかえてみよう．

$$x = a^y \quad \longleftrightarrow \quad y = \log_a x \tag{11.5}$$

そのとき，式 (11.4) と式 (11.5) の関数は，互いに**逆関数**の関係にあるという．式 (11.5) の関数 y，すなわち $\log_a x$ を**底が a の対数関数**という．しかし，底が e の**対数関数**

$$y = \ln x$$

は「底が e の」を省略して，単に対数関数とだけよび，特別に扱う．

対数関数で注意しなければならないことは

> 真数は正の数

である．したがって，グラフは，定義域 $x > 0$ により xy 平面で第 1 象限と第 4 象限だけにしかあらわれない．さらに，対数関数は底 a にかかわらず必ず定点 $(1, 0)$ を通る．

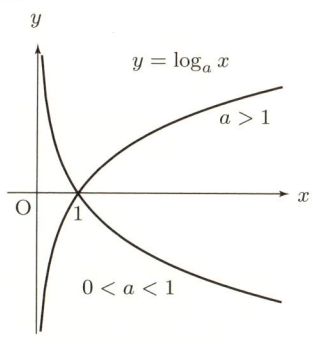

図 11.3　対数関数

例題 11.6

次の対数関数のグラフを描け．

(1) $y = \log_2 x$　　(2) $y = \log_{\frac{1}{2}} x$

解　図 11.4，例題 11.1 に与えた数値を用いてグラフを描く．

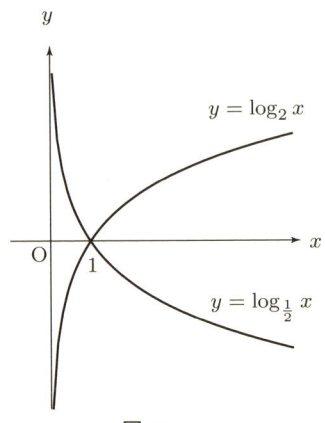

図 11.4

問 11.6　$y = -\log_2 x$ と $y = \log_{\frac{1}{2}} x$ が同じ対数関数になることを確かめて，そのグラフを描け．

11.6　逆関数のグラフ

$$y = 2^x \quad \text{と} \quad y = \log_2 x \quad (x = 2^y \text{ と同じ})$$

および

$$y = \left(\frac{1}{2}\right)^x \quad \text{と} \quad y = \log_{\frac{1}{2}} x \quad \left(x = \left(\frac{1}{2}\right)^y \text{ と同じ}\right)$$

はそれぞれが x と y を入れかえた関係にあり，互いに逆関数といい，グラフは図 11.5 に示すようになる．図からわかるように，2 つの曲線は，$y = x$ の直線に関して対称になる．このことは，一般的に成り立ち，互いに逆関数の関係にある 2 つの曲線は，直線 $y = x$ に関して対称になる．この性質は，グラフの平行移動と同様にグラフを描くうえで重要である．

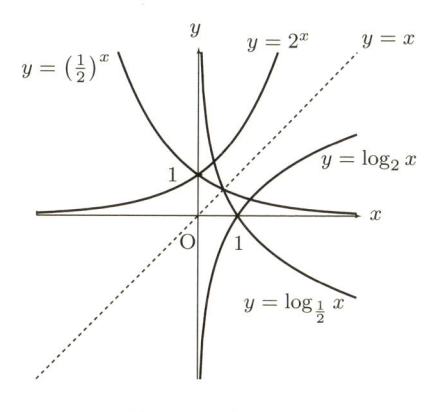

図 11.5　逆関数

例題 11.7
逆関数の関係にある $y = x^2\ (x \geqq 0)$ と $y = \sqrt{x}$ のグラフを描け．

解　図 11.6．

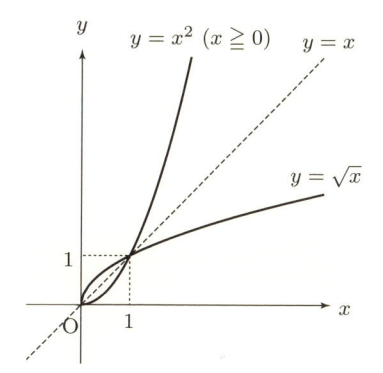

図 11.6

問 11.7　$y = \dfrac{1}{x} - 1\ (x > 0)$ の逆関数を求めて，2 つの関数のグラフを描け．

第12章　三角比と三角関数

12.1　角と角度

12.1.1　角と角度の定義

平面上の1点Oを端点とする半直線OAと別な半直線OBを考える．そのとき，2本の半直線は図12.1に示すような図形をつくる．この図形のことを**角**(「カク」)といい，∠AOBまたは∠BOAと表す．記号(∠)は「カク」，∠AOBは「カクAOB」と読む．

さらに，点Oを**角の頂点**，線分OA，OBを**角の辺**とよび，その角の広がり程度(**角の大きさ**)を**角度**という．しかし，「かど」の形状を指す角と角度を区別しないで表現することが多い．本書は可能な限り角と角度を区別するが，煩雑になるので両者を区別しない慣用的な表現も用いる．

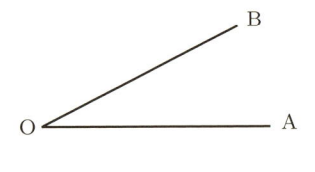

図 12.1　角と角度

12.1.2　角度の単位(度と弧度)

角度でよく使う単位は，1**度**(°)である．これは，円の中心角(1回転分)の1/360を単位としたものである．なぜ，1回転を360°としたかの理由は別として，360°を等分したときの角度が整数になる場合が多い．このことは，360°を利用する立場からはたいへんつごうがよい．

度の表示は

$$60 \text{秒} ('') = 1 \text{分}, \quad 60 \text{分} (') = 1 \text{度}$$

というように 60 で位を上げる **60 進法**であり **60 分法**といわれる．しかし，60 進法は分と秒に対してだけで，度より上と秒より下は，10 で位を上げる **10 進法**が併用されている．

なお，角度の表示には，度とは別に 10 進法だけで表す**弧度**とよばれるものがあり，次のように定義されている．

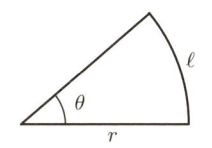

図 12.2 弧度

扇形の半径を r，弧長を ℓ，中心角を θ とする．そのとき，中心角の大きさは弧長の大きさに反映される (正確には比例する)．そこで，扇形の弧長で角度を表そうとするのが，弧度である．しかし，$\theta = \ell$ とするわけにはいかない．それは，中心角 θ が同じでも半径の異なる扇形の場合に弧長が違ってくるからである．このことを解決するために，弧度を次で定義する．

$$\theta = \frac{\ell}{r} \tag{12.1}$$

半径 r で割る意味は，半径 1 の扇形を弧度の分度器にして任意の扇形の開き角を測定することに相当する．弧度は数値の後に**ラジアン**(または **rad**)をつけるが，数値だけで示した角度は弧度である．たとえば，角度が 2 とあれば，それは 2° ではなく 2 rad のことである．

これから同じ角度を，度は $\Theta°$，弧度は θ と表して両者の関係を導くことにする．なお，弧度を使用すると，弧度が定義されたいきさつから扇

形に関する諸量の表現が簡単になる．扇形の弧長 ℓ は式 (12.1) の両辺に半径 r を掛けて

$$\ell = r\theta \qquad \left(\text{度では}\quad \ell = 2\pi r \frac{\Theta°}{360°}\right) \tag{12.2}$$

扇形の面積は $S = \pi r^2 \times \theta/2\pi$ より

$$S = \frac{1}{2}r^2\theta = \frac{1}{2}r\ell \qquad \left(\text{度では}\quad S = \pi r^2 \frac{\Theta°}{360°}\right) \tag{12.3}$$

となる．

度と弧度の関係は $0°$ が 0，$360°$ が 2π であるが，式 (12.2)

$$\ell = r\theta = 2\pi r \frac{\Theta°}{360°}$$

から，一般的な関係は次のようになる．

$$\theta = \frac{\pi}{180°}\Theta° \quad \text{または} \quad \Theta° = \frac{180°}{\pi}\theta \tag{12.4}$$

弧度の単位 (1 rad) は式 (12.4) から

$$1\text{ rad} = \frac{180°}{\pi} \fallingdotseq 57°17'44.81''$$

に等しく，逆に度の単位 (1°) は次のようになる．

$$1° = \frac{\pi}{180}\text{ rad} \fallingdotseq 0.017453292\text{ rad}$$

他の角度については，表 12.1 に示してあるが，$180°$ が π rad であるから，それを基準として他の角度の関係を求めるのがもっとも簡単である．次に角に関する用語を示しておく．

表 12.1 度と弧度の関係

度	弧度 rad	度	弧度 rad	度	弧度 rad
30°	$\frac{\pi}{6}$	120°	$\frac{2\pi}{3}$	210°	$\frac{7\pi}{6}$
45°	$\frac{\pi}{4}$	135°	$\frac{3\pi}{4}$	225°	$\frac{5\pi}{4}$
60°	$\frac{\pi}{3}$	150°	$\frac{5\pi}{6}$	240°	$\frac{4\pi}{3}$
90°	$\frac{\pi}{2}$	180°	π	270°	$\frac{3\pi}{2}$

直角：90° の角のことで ∠R と表す．

平角：180° の角のこと．

鋭角：0° < 角度 < 90° の角のこと．

鈍角：90° < 角度 < 180° の角のこと．

余角：2 つの角度の和が 90° になるとき，一方の角は他方の余角という．

補角：2 つの角度の和が 180° になるとき，一方の角は他方の補角という．

例題 12.1
次の角度を別の単位系で示せ．
(1) 2°   (2) 2   (3) 0.1°   (4) 0.1

解 (1) $\frac{\pi}{90}$ (2) $\frac{360°}{\pi}$ (3) $\frac{\pi}{1800}$ (4) $\frac{18°}{\pi}$

問 12.1 表 12.1 を参照して，次の角度を弧度で示せ．
(1) 30°   (2) 60°   (3) 120°   (4) 240°

問 12.2 次の角度を度で示せ．
(1) $\dfrac{\pi}{10}$ (2) $\dfrac{\pi}{5}$ (3) $\dfrac{7\pi}{6}$ (4) $\dfrac{8\pi}{5}$

問 12.3 半径 4 の扇形で次の中心角のときの扇形の弧長 ℓ と面積 S を求めよ．
(1) $\dfrac{\pi}{6}$ (2) $\dfrac{\pi}{4}$ (3) $\dfrac{\pi}{3}$ (4) $\dfrac{\pi}{2}$ (5) $\dfrac{2\pi}{3}$

12.2 三 角 比

12.2.1 直角三角形と三角比

図 12.3 に示すように △ABC は，∠C が直角の直角三角形とする．そのとき，∠A を**底角**，AC を**底辺**，BC を底角 ∠A の**対辺**，∠C の対辺を**斜辺**とよぶ．ただし，∠B を底角とすれば，斜辺は変わらないが，底辺は BC，対辺は AC になる．また，この図のように簡単な図の場合は，頂点 A，B，C と取り違えないようであれば ∠A や ∠B などの大きさは単に A や B と表す．すなわち，頂点は字形を立体 A, B, C，角の大きさは斜体 A, B, C で表す．いまは $C = \angle R$ である．

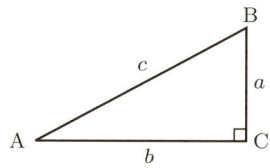

図 12.3 直角三角形

互いに相似な 2 つの直角三角形の同じ位置にある 2 辺の比をそれぞれ求めると，その比は等しくなることが知られていて，その比を**三角比**とよぶ．三角比は，直角三角形の直角を除く残りの 2 つの角に対して定義される．

図 12.3 の直角三角形について示すと，A に対する三角比には次の 6 個がある．

$$\text{正弦}: \sin A = \frac{\text{対辺}}{\text{斜辺}} = \frac{a}{c} \qquad \text{余割}: \text{cosec}\, A = \frac{\text{斜辺}}{\text{対辺}} = \frac{c}{a}$$

$$\text{余弦}: \cos A = \frac{\text{底辺}}{\text{斜辺}} = \frac{b}{c} \qquad \text{正割}: \sec A = \frac{\text{斜辺}}{\text{底辺}} = \frac{c}{b} \qquad (12.5)$$

$$\text{正接}: \tan A = \frac{\text{対辺}}{\text{底辺}} = \frac{a}{b} \qquad \text{余接}: \cot A = \frac{\text{底辺}}{\text{対辺}} = \frac{b}{a}$$

左上から順に「サイン」,「コサイン」,「タンジェント」,さらに右上から「コセカント」,「セカント」,「コタンジェント」と読む.正弦と余割,余弦と正割,正接と余接は互いに逆数の関係にある.すなわち,

$$\text{cosec}\, A = \frac{1}{\sin A}, \qquad \sec A = \frac{1}{\cos A}, \qquad \cot A = \frac{1}{\tan A} \quad (12.6)$$

以上の関係は B についても同様に成り立つので,これから示す三角比の関係式において A は直角三角形で直角を除く任意の角と考えてよい.

例題 12.2

図 12.4 に示す直角三角形の A に関する三角比をすべて求めよ.

解 $\sin A = 3/5, \qquad \cos A = 4/5, \qquad \tan A = 3/4,$
$\text{cosec}\, A = 5/3, \qquad \sec A = 5/4, \qquad \cot A = 4/3$

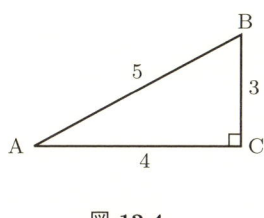

図 **12.4**

12.2.2 三角比の関係式

図 12.3 の直角三角形において三平方の定理から

$$a^2 + b^2 = c^2 \qquad (12.7)$$

上式の両辺を c^2 で割って

$$\left(\frac{a}{c}\right)^2 + \left(\frac{b}{c}\right)^2 = 1$$

上式の a/c と b/c に式 (12.5) の $\sin A$ と $\cos A$ を代入して，

$$\sin^2 A + \cos^2 A = 1 \tag{12.8}$$

なお，$(\sin A)^2$ を $\sin^2 A$ で表す．他も同様である．さらに

$$\tan A = \frac{a}{b} = \frac{a/c}{b/c}$$

となり，右辺の分子は $\sin A$，分母は $\cos A$ に等しいから

$$\tan A = \frac{\sin A}{\cos A} \tag{12.9}$$

が成り立つ．

次に，式 (12.8) の両辺を $\cos^2 A$ で割って，式 (12.9) を代入すると

$$1 + \tan^2 A = \frac{1}{\cos^2 A} = \sec^2 A \tag{12.10}$$

を得る．

式 (12.8) から式 (12.10) までは，非常に重要な三角比の公式である．

例題 12.3

図 12.4 に示す直角三角形の A に関して，式 (12.8) が成り立つことを確かめよ．

解 $\sin A = 3/5$, $\cos A = 4/5$ を式 (12.8) の左辺に代入する．

$$\sin^2 A + \cos^2 A = \left(\frac{3}{5}\right)^2 + \left(\frac{4}{5}\right)^2 = \frac{9}{25} + \frac{16}{25} = 1$$

よって式 (12.8) が成立する．

問 12.4 図 12.4 に示す直角三角形の角 A に関して，式 (12.9)，式 (12.10) が成り立つことを確かめよ．

12.2.3 特別な角度の三角比

直角三角形の中でも図 12.5 に示すものはよく使われるので 30°，45°，60° および 0° と 90° に関する三角比を表 12.2 に示しておく．

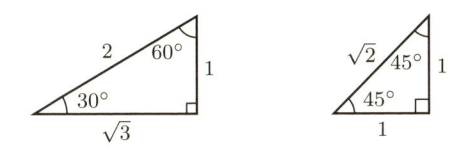

図 12.5 特別な角度の直角三角形

0° や 90° を底角とする直角三角形は存在しないが，式 (12.5) で底角が 0° のときは $a = 0$，$b = c$，底角が 90° のときは $b = 0$，$a = c$ を三角比の公式に代入する．しかし，分母の b に 0 を代入することはできないので，$\tan 90°$ は存在しない．

表 12.2 特別な角度とその三角比

角度	正弦	余弦	正接
0°	$\sin 0° = 0$	$\cos 0° = 1$	$\tan 0° = 0$
30°	$\sin 30° = \dfrac{1}{2}$	$\cos 30° = \dfrac{\sqrt{3}}{2}$	$\tan 30° = \dfrac{1}{\sqrt{3}}$
45°	$\sin 45° = \dfrac{1}{\sqrt{2}}$	$\cos 45° = \dfrac{1}{\sqrt{2}}$	$\tan 45° = 1$
60°	$\sin 60° = \dfrac{\sqrt{3}}{2}$	$\cos 60° = \dfrac{1}{2}$	$\tan 60° = \sqrt{3}$
90°	$\sin 90° = 1$	$\cos 90° = 0$	$\tan 90° =$ 値なし

例題 12.4
表 12.2 中の角度 30° に対する正弦,余弦,正接の各三角比を求めよ.

解 図 12.5 において,角度 30° に対する

対辺は $a = 1$, 底辺は $b = \sqrt{3}$, 斜辺は $c = 2$

である.よって

$$\sin 30° = \frac{a}{c} = \frac{1}{2}, \quad \cos 30° = \frac{b}{c} = \frac{\sqrt{3}}{2}, \quad \tan 30° = \frac{a}{b} = \frac{1}{\sqrt{3}}$$

問 12.5 次の角度に対する三角比をすべて求めよ.

(1) $\dfrac{\pi}{6}$ (30°)　　(2) $\dfrac{\pi}{4}$ (45°)　　(3) $\dfrac{\pi}{3}$ (60°)

12.3 三角関数

12.3.1 一般角

図 12.6 に示すように xy 平面上に原点 O を中心にして半径 r の円を描き,x 軸の正方向に一致させて**半直線OX** をとり,半直線 OX から出発して点 O のまわりを回転する線分 OP を考える.

そのとき,線分 OX を**始線**,線分 OP を**動径**といい,動径 OP の始線 OX から回転した角度を動径の**回転角**という.

動径は,右回りや左回りに回転させることができ,回転数を 1 以上にすることができる.回転角を計るとき,反時計回りに計ったものを正,時

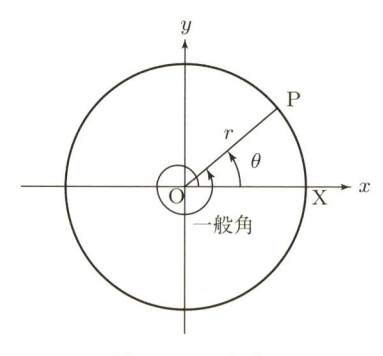

図 **12.6** 一般角

計回りを負と決める．回転角の大きさは，回転数に応じてその絶対値が $360°$ (または 2π) 以上になる．このように符号をもち，絶対値が $360°$ (または 2π) 以上になることができる角を**一般角**とよぶ．なお，回転数も回転角の符号にあわせて，回転方向が反時計回りのときを正，時計回りのときを負の回転数とする．

一般角は，θ を $0° \leqq \theta < 360°$ または $-180° < \theta \leqq 180°$ として次のように表すことができる．

$$\text{一般角} = \theta + 360° \times n \qquad (n \text{ は符号つきの回転数}) \qquad (12.11)$$

または，$0 \leqq \theta < 2\pi$ または $-\pi < \theta \leqq \pi$ として

$$\text{一般角} = \theta + 2\pi \times n \qquad (n \text{ は符号つきの回転数}) \qquad (12.12)$$

例題 12.5

次を一般角で表し，動径の位置を示せ．

(1) 時計回りに 3 回転して $60°$
(2) 反時計回りに 2 回転して $135°$
(3) 時計回りに 1 回転して $-45°$

解 (1) $60° + 360° \times (-3) = -1020°$ (2) $135° + 360° \times 2 = 855°$
(3) $-45° + 360° \times (-1) = -405°$ 動径の位置は図 12.7 参照．

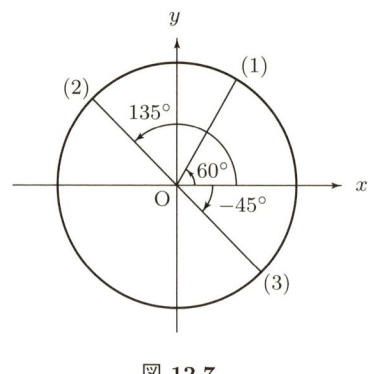

図 12.7

問 12.6 次の一般角を指示に従った回転数によって式 (12.11) の形で表し，動径の位置を示せ．

(1) $500°$ (反時計回りに) (2) $1\,000°$ (反時計回りに)
(3) $-500°$ (時計回りに) (4) $-1\,000°$ (時計回りに)

12.3.2 象限の角

xy 平面は，図 12.8 に示すように x 軸と y 軸によって 4 つに分割される．分割された部分を象限といい，紙面に向かって右上の $x > 0$ および $y > 0$ の部分を第 1 象限，反時計回りに順に第 2 象限，第 3 象限，第 4 象限とよぶ．そのとき，一般角 θ の動径が位置する象限によって，一般角をその**象限の角**，たとえば $\theta = -\pi/3$ ならば第 4 象限の角という．

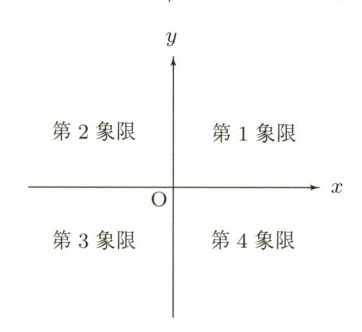

図 12.8 xy 平面と象限

> **例題 12.6**
> 例題 12.5 の一般角は何象限の角か．

解 (1) 第 1 象限の角　　(2) 第 2 象限の角　　(3) 第 4 象限の角

問 12.7 次の一般角は何象限の角か．
(1) $500°$　(2) $1\,000°$　(3) $-500°$　(4) $-1\,000°$

12.3.3　一般角と三角関数

これまで示した三角比は，鋭角すなわち大きさが $0°$ から $90°$ までの角に対するものであり，必ず直角三角形がともなっている．しかし，$135°$ や $-60°$ などの一般角には，対応する直角三角形が存在しない．したがって，一般角に対しては，これまでのような三角比を用いることができないため，三角比とは別な観点から定義することが必要になる．

いま，一般角が θ の動径の端点 P の座標を (x,y)，動径の長さを r として，改めて

$$\sin\theta = \frac{y}{r}, \qquad \cos\theta = \frac{x}{r}, \qquad \tan\theta = \frac{y}{x} \qquad (12.13)$$
$$(ただし，r = \sqrt{x^2+y^2})$$

を定義し，これらを一般角 θ の**三角関数**とよぶ．$\mathrm{cosec}\,\theta$，$\sec\theta$，$\cot\theta$ も同様に定義される．ここで，変数 x と y は $-r$ から r の範囲を変化するが，円の半径 r はいくらでも大きくできるので，変数 x と y は実数全体の値をとり得る．さらに，回転角 θ も一般角であるから実数全体になる．

なお，一般角 θ が $0 \leqq \theta \leqq \pi/2$ の範囲ならば，三角関数と三角比は一致する．また，一般角が $\pi/6$，$13\pi/6$，$-11\pi/6$ のように異なっても，動径の位置が同じならば，一般角の三角関数は同じ値になる．

さらに，$-r \leqq x \leqq r$，$-r \leqq y \leqq r$ の関係から $\sin\theta$，$\cos\theta$ は，次の範

囲の値をとる.

$$-1 \leqq \sin \theta \leqq 1, \quad -1 \leqq \cos \theta \leqq 1 \tag{12.14}$$

これまで，三角比は直角三角形がともなう鋭角に対して，三角関数は一般角に対してというように，三角比と三角関数を区別してきた．しかし，三角比に対する定義式 (12.5) において，A は 0 から $\pi/2$ の範囲をとる第 1 象限の任意の角であり，点 A を原点に，斜辺 AB を動径にし $B(x,y)$ とすれば，△ABC で $b=x$, $a=y$, $c=r(=AB)$ となり三角関数の定義に適合する．したがって，三角比は三角関数であり，角の定義域を 0 から $\pi/2$ にしただけのことである．なお，12.2.2 項や 12.2.3 項で導いた三角比の公式などは，すべて三角関数でも成立する．

例題 12.7

次の角度の三角関数 $(\sin A, \cos A, \tan A)$ を求めよ．

(1) $\dfrac{\pi}{4}$　　(2) $\dfrac{5\pi}{6}$　　(3) $-\dfrac{2\pi}{3}$　　(4) $\dfrac{7\pi}{4}$

解 (1) $\sin \dfrac{\pi}{4} = \dfrac{1}{\sqrt{2}}, \quad \cos \dfrac{\pi}{4} = \dfrac{1}{\sqrt{2}}, \quad \tan \dfrac{\pi}{4} = 1$

(2) $\sin \dfrac{5\pi}{6} = \dfrac{1}{2}, \quad \cos \dfrac{5\pi}{6} = -\dfrac{\sqrt{3}}{2}, \quad \tan \dfrac{5\pi}{6} = -\dfrac{1}{\sqrt{3}}$

(3) $\sin \left(-\dfrac{2\pi}{3}\right) = -\dfrac{\sqrt{3}}{2}, \quad \cos \left(-\dfrac{2\pi}{3}\right) = -\dfrac{1}{2}, \quad \tan \left(-\dfrac{2\pi}{3}\right) = \sqrt{3}$

(4) $\sin \dfrac{7\pi}{4} = -\dfrac{1}{\sqrt{2}}, \quad \cos \dfrac{7\pi}{4} = \dfrac{1}{\sqrt{2}}, \quad \tan \dfrac{7\pi}{4} = -1$

問 12.8 次の値を求めよ．

(1) $\sin \left(-\dfrac{\pi}{3}\right)$　　(2) $\tan \dfrac{7\pi}{3}$　　(3) $\tan \left(-\dfrac{5\pi}{6}\right)$　　(4) $\cos \left(-\dfrac{3\pi}{4}\right)$

12.3.4　象限と三角関数の符号

三角関数は，角度によって符号が変化する．三角関数を使いこなすためには，

- 特別な角度の三角関数 (表 12.2)
- 各象限での三角関数の符号

をおぼえなければならない．

各象限における三角関数の符号は，式 (12.13) の x と y の各象限での符号を調べればわかる．各象限における x, y および三角関数の符号を表 12.3 に示す．

動径の長さ r は正であるから，$\cos\theta$ は x の符号，$\sin\theta$ は y の符号と同じになる．表 12.3 では複雑なため，これらの符号は図 12.9 に示す形でおぼえるとよい．各三角関数に沿わせた矢印の根元 (すべての三角関数が第 1 象限では正) と先端の象限でその三角関数が正になり，それ以外では負になる．

表 12.3　各象限での座標 x, y および三角関数の符号 $(r > 0)$

象限	x	y	$\cos\theta = \dfrac{x}{r}$	$\sin\theta = \dfrac{y}{r}$	$\tan\theta = \dfrac{y}{x}$
第 1 象限	+	+	+	+	+
第 2 象限	−	+	−	+	−
第 3 象限	−	−	−	−	+
第 4 象限	+	−	+	−	−

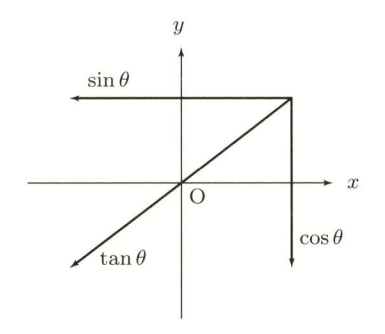

図 12.9　各三角関数の正の象限

12.3.5 補角・余角の公式

角 θ の補角または余角と角 θ の三角関数の間には次の関係が成り立つ．

$$\sin(\pi - \theta) = \sin\theta, \quad \cos(\pi - \theta) = -\cos\theta, \quad \tan(\pi - \theta) = -\tan\theta \quad (12.15)$$
$$\sin\left(\frac{\pi}{2} - \theta\right) = \cos\theta, \quad \cos\left(\frac{\pi}{2} - \theta\right) = \sin\theta, \quad \tan\left(\frac{\pi}{2} - \theta\right) = \cot\theta \quad (12.16)$$

上記の式以外にも類似の公式がたくさんある．次にその一部を示す．

$$\sin(-\theta) = -\sin\theta, \quad \cos(-\theta) = \cos\theta, \quad \tan(-\theta) = -\tan\theta \quad (12.17)$$
$$\sin\left(\frac{3\pi}{2} - \theta\right) = -\cos\theta, \quad \cos\left(\frac{3\pi}{2} - \theta\right) = -\sin\theta, \quad \tan\left(\frac{3\pi}{2} - \theta\right) = \cot\theta \quad (12.18)$$
$$\sin\left(\frac{3\pi}{2} + \theta\right) = -\cos\theta, \quad \cos\left(\frac{3\pi}{2} + \theta\right) = \sin\theta, \quad \tan\left(\frac{3\pi}{2} + \theta\right) = -\cot\theta \quad (12.19)$$

これらの公式をすべておぼえることはむずかしいが，次に示すように形式的に導く方法がある．

(1) まず，x 軸および y 軸と一致する動径の角度を正確におぼえる（図 12.10）．

$$\begin{cases} x \text{ 軸} \begin{cases} \text{正方向は } 0 \text{ か } \pm 2\pi \\ \text{負方向は } \pm \pi \end{cases} \\ y \text{ 軸} \begin{cases} \text{正方向は } \pi/2 \text{ か } -3\pi/2 \\ \text{負方向は } 3\pi/2 \text{ か } -\pi/2 \end{cases} \end{cases}$$

または，上記の角度に $2n\pi$ $(n = \pm 1, \pm 2, \cdots)$ を加えた角度．

(2) 次に，符号を除いた両辺の関数の形の変化を確認する．

- 補角および x 軸から計った角度に対する公式 (12.15) と (12.17) は，次のように変化しない．

$$\sin \to \sin, \quad \cos \to \cos, \quad \tan \to \tan$$

- 余角および y 軸から計った角度に対する公式 (12.16), (12.18) と (12.19) は，次のように変化する．

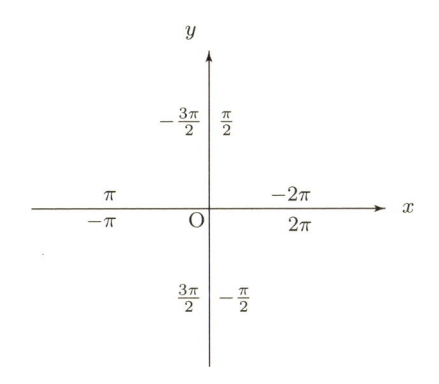

図 12.10　x 軸および y 軸の角度

$$\sin \to \cos, \quad \cos \to \sin, \quad \tan \to \cot$$

(3) 最後に，公式の右辺の符号を確認する．

公式の右辺に負符号がつくときとつかないときがある．その区別ができればよい．

- θ を第 1 象限の角と考える．
  → 三角関数 $(\sin\theta, \cos\theta, \tan\theta)$ はすべて正になる．
- 左辺の角度 $3\pi/2 - \theta$ や $3\pi + \theta$ などが何象限の角かを確認する．
  → その角度に対する三角関数の符号 (図 12.9) を三角関数 $(\sin\theta, \cos\theta, \tan\theta, \cot\theta)$ につける．

補角や余角などの公式の導き方

- 関数の形 (左辺 → 右辺)

  θ が x 軸からの角度：$\sin \to \sin, \quad \cos \to \cos, \quad \tan \to \tan$

  θ が y 軸からの角度：$\sin \to \cos, \quad \cos \to \sin, \quad \tan \to \cot$

- 右辺につける符号

  (1) 左辺の角度が何象限の角かを確認する．

  (2) その象限での三角関数の符号を図 12.9 から判定する．

  (3) その符号をそのまま三角関数 $(\sin\theta, \cos\theta, \tan\theta, \cot\theta)$ につける．

例題 12.8
式 (12.15) の第 2 式と式 (12.16) の第 1 式が成り立つことを確かめよ．

解 図 12.11 (a) で $x' = -x$, $y' = y$ より
$$\cos(\pi - \theta) = \frac{x'}{r} = \frac{-x}{r} = -\frac{x}{r} = -\cos\theta$$

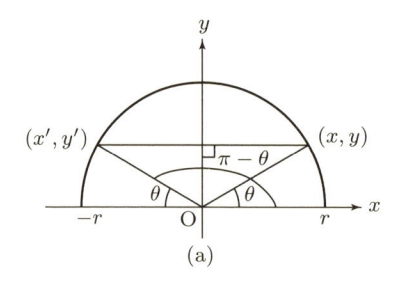

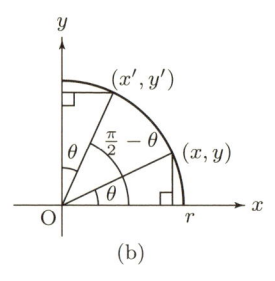

図 12.11

次に，図 12.11 (b) で $x' = y$, $y' = x$ より
$$\sin\left(\frac{\pi}{2} - \theta\right) = \frac{y'}{r} = \frac{x}{r} = \cos\theta$$

他の 2 式も同様にして導くことができる．

問 12.9 例にしたがって，次の式を簡単にせよ．

例 $\sin(\pi + \theta) = -\sin\theta$

(1) $\sin\left(-\frac{3\pi}{2} + \theta\right)$ (2) $\cos(\pi + \theta)$ (3) $\tan(\pi + \theta)$

(4) $\sin(-\pi - \theta)$ (5) $\cos\left(\frac{\pi}{2} + \theta\right)$ (6) $\tan\left(\frac{\pi}{2} + \theta\right)$

12.4 三角関数のグラフ

12.4.1 正弦関数のグラフ

独立変数 x を一般角，y を従属変数とする
$$y = a\sin x \tag{12.20}$$

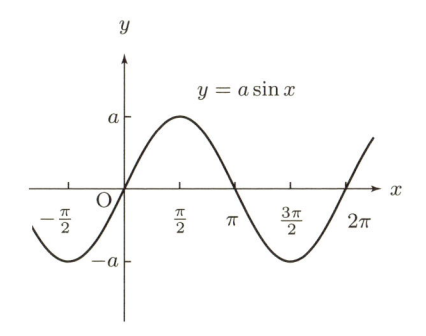

図 12.12 正弦曲線

を**正弦関数**という．$\sin x$ が式 (12.14) に示すように -1 から 1 の間を変化するので，この正弦関数の値域は $-a \leqq y \leqq a$ である．また，$\sin(-x) = -\sin x$ が成り立つため，正弦関数は奇関数であり，グラフは原点に関して対称になり，図 12.12 のようになる．

この曲線を**正弦曲線**といい，2π ごとに同じ値になる．このように規則正しく形状がくり返される関数を**周期関数**といい，くり返しの最小幅（いまは 2π）を**周期**，a を**振幅**という．

一般に周期 ℓ の周期関数は，次の式で表すことができる．
$$f(x) = f(x + \ell) \qquad (\ell \text{ は正の最小の数}) \qquad (12.21)$$
これは，一定の間隔（周期 ℓ）で同じ値がくり返されることを示す．

例題 12.9

$-\pi \leqq \theta \leqq \pi$ の範囲で三角関数 $\sin\theta$，$\cos\theta$，$\tan\theta$ を計算せよ．
ただし，角度は $\pi/6$ および $\pi/4$ おきとする．

解 表 12.4．

表 12.4　三角関数表

θ	$-\pi$	$-\frac{5\pi}{6}$	$-\frac{3\pi}{4}$	$-\frac{2\pi}{3}$	$-\frac{\pi}{2}$	$-\frac{\pi}{3}$	$-\frac{\pi}{4}$	$-\frac{\pi}{6}$
	$-180°$	$-150°$	$-135°$	$-120°$	$-90°$	$-60°$	$-45°$	$-30°$
$\sin\theta$	0	$-\frac{1}{2}$	$-\frac{1}{\sqrt{2}}$	$-\frac{\sqrt{3}}{2}$	-1	$-\frac{\sqrt{3}}{2}$	$-\frac{1}{\sqrt{2}}$	$-\frac{1}{2}$
$\cos\theta$	-1	$-\frac{\sqrt{3}}{2}$	$-\frac{1}{\sqrt{2}}$	$-\frac{1}{2}$	0	$\frac{1}{2}$	$\frac{1}{\sqrt{2}}$	$\frac{\sqrt{3}}{2}$
$\tan\theta$	0	$\frac{1}{\sqrt{3}}$	1	$\sqrt{3}$	/	$-\sqrt{3}$	-1	$-\frac{1}{\sqrt{3}}$

θ	0	$\frac{\pi}{6}$	$\frac{\pi}{4}$	$\frac{\pi}{3}$	$\frac{\pi}{2}$	$\frac{2\pi}{3}$	$\frac{3\pi}{4}$	$\frac{5\pi}{6}$	π
	$0°$	$30°$	$45°$	$60°$	$90°$	$120°$	$135°$	$150°$	$180°$
$\sin\theta$	0	$\frac{1}{2}$	$\frac{1}{\sqrt{2}}$	$\frac{\sqrt{3}}{2}$	1	$\frac{\sqrt{3}}{2}$	$\frac{1}{\sqrt{2}}$	$\frac{1}{2}$	0
$\cos\theta$	1	$\frac{\sqrt{3}}{2}$	$\frac{1}{\sqrt{2}}$	$\frac{1}{2}$	0	$-\frac{1}{2}$	$-\frac{1}{\sqrt{2}}$	$-\frac{\sqrt{3}}{2}$	-1
$\tan\theta$	0	$\frac{1}{\sqrt{3}}$	1	$\sqrt{3}$	/	$-\sqrt{3}$	-1	$-\frac{1}{\sqrt{3}}$	0

例題 12.10

次の関数のグラフを描き，周期を示せ．
$$y = 2\sin x$$

解　図 12.13，周期は 2π である．

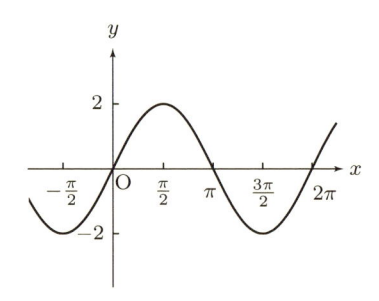

図 12.13

問 12.10 次の関数のグラフを描き，周期を示せ．

(1) $y = \sin 2x$ (2) $y = \sin\left(x - \dfrac{\pi}{3}\right)$

12.4.2 余弦関数のグラフ

$$y = a\cos x \tag{12.22}$$

を**余弦関数**という．$\cos(-x) = \cos x$ の関係より余弦関数は偶関数であり，グラフは y 軸に対称で，図 12.14 のようになり，周期が 2π，振幅が a の周期関数である．

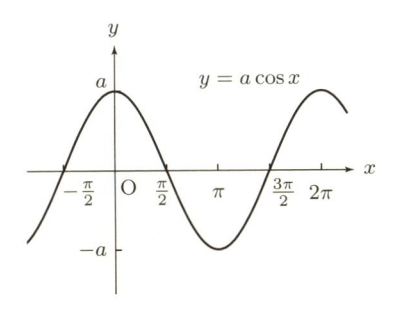

図 12.14 余弦曲線

例題 12.11

$y = 2\cos 2x$ のグラフを描け．また，この関数の周期はいくらか．

解 図 12.15，周期は π である．

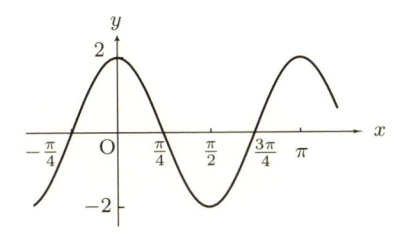

図 12.15

問 12.11 次の関数のグラフを描き，周期を示せ．
  (1)　$y = \cos \dfrac{x}{2}$　　(2)　$y = -\cos x$

12.4.3　正接関数のグラフ

$$y = a \tan x \tag{12.23}$$

を**正接関数**という．グラフは図 12.16 のようになり，これを**正接曲線**という．$\tan(-x) = -\tan x$, $\tan(x+\pi) = \tan x$ より $\tan x$ は奇関数であり，曲線は原点に関して対称になる．また周期 π の周期関数である．

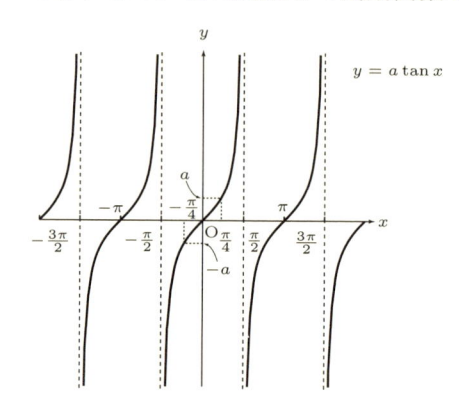

図 12.16　正接曲線

例題 12.12

$y = \tan 2x$ のグラフを描け．また，この関数の周期はいくらか．

解　図 12.17，周期は $\pi/2$ である．

問 12.12 次の関数のグラフを描き，周期を示せ．
  (1)　$y = -\tan x$　　(2)　$y = \tan \dfrac{x}{2}$

図 12.17

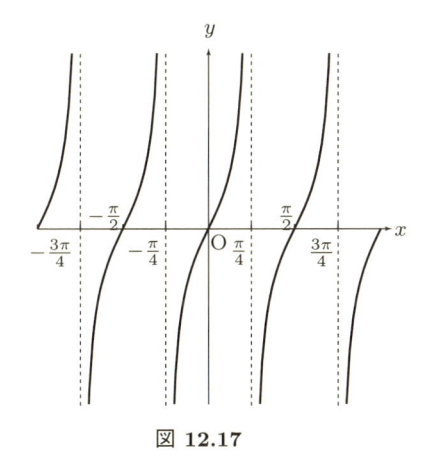

12.5 三角関数の公式

12.5.1 加法定理

A と B を任意の角として，次式を**加法定理**という．

$$
\begin{aligned}
\sin(A+B) &= \sin A \cos B + \cos A \sin B \\
\sin(A-B) &= \sin A \cos B - \cos A \sin B \\
\cos(A+B) &= \cos A \cos B - \sin A \sin B \\
\cos(A-B) &= \cos A \cos B + \sin A \sin B
\end{aligned}
\tag{12.24}
$$

第 1 式と第 3 式で B を $-B$ とおいて式 (12.17) を用いれば，第 2 式と第 4 式を導くことができる．加法定理は，三角関数のいろいろな公式を導くことができる重要な公式である．

例題 12.13

次の正接関数の加法定理を導け．

$$\tan(A \pm B) = \frac{\tan A \pm \tan B}{1 \mp \tan A \tan B} \quad \text{(複号同順)} \tag{12.25}$$

解 $\tan(A \pm B) = \dfrac{\sin(A \pm B)}{\cos(A \pm B)}$

$= \dfrac{\sin A \cos B \pm \cos A \sin B}{\cos A \cos B \mp \sin A \sin B}$

$(\cos A \cos B \neq 0)$

$= \dfrac{\dfrac{\sin A \cos B}{\cos A \cos B} \pm \dfrac{\cos A \sin B}{\cos A \cos B}}{1 \mp \dfrac{\sin A \sin B}{\cos A \cos B}}$

$= \dfrac{\tan A \pm \tan B}{1 \mp \tan A \tan B}$

例題 12.14
加法定理 (12.24) を利用して $\sin 75°$ を求めよ．

解 $\sin 75° = \sin(45° + 30°) = \sin 45° \cos 30° + \cos 45° \sin 30°$
$= \dfrac{1}{\sqrt{2}} \dfrac{\sqrt{3}}{2} + \dfrac{1}{\sqrt{2}} \dfrac{1}{2} = \dfrac{\sqrt{2}(\sqrt{3}+1)}{4}$

問 12.13 加法定理を利用して次を求めよ．
(1) $\cos 75°$ (2) $\cos 15°$ (3) $\tan 15°$
(4) $\sin 105°$ (5) $\cos 105°$

12.5.2　2倍角の公式

A を任意の角として，次を **2倍角の公式** という．

2倍角の公式

$$\begin{aligned}
\sin 2A &= 2 \sin A \cos A \\
\cos 2A &= \cos^2 A - \sin^2 A \\
&= 2 \cos^2 A - 1 \\
&= 1 - 2 \sin^2 A
\end{aligned} \quad (12.26)$$

この公式は，加法定理 (12.24) の第 1 式と第 3 式で B を A とおけば導

くことができる．$\cos 2A$ の第 2 式と第 3 式は，第 1 式に式 (12.8) を代入してまとめなおしている．さらに，これらの式から

$$\sin^2 A = \frac{1 - \cos 2A}{2}$$
$$\cos^2 A = \frac{1 + \cos 2A}{2}$$
(12.27)

を得る．この公式は，積分法でよく利用される．

例題 12.15
次の正接関数の 2 倍角の公式を導け．
$$\tan 2A = \frac{2\tan A}{1 - \tan^2 A}$$

解 式 (12.25) で $B = A$ とおいて
$$\tan 2A = \frac{\tan A + \tan A}{1 - \tan A \tan A} = \frac{2\tan A}{1 - \tan^2 A}$$

12.5.3 三角関数の合成

$a\sin x + b\cos x$ （ただし，a と b は 0 でない定数）

を 1 つの式にまとめることを**三角関数の合成**といい，次のように 2 通りの方法がある．

三角関数の合成 (α と β を正の角度とする)

正弦関数： $a\sin x + b\cos x = r\sin(x + \alpha)$ (12.28)

または

余弦関数： $a\sin x + b\cos x = r\cos(x - \beta)$ (12.29)

ここで，r，α と β は，
$$r = \sqrt{a^2 + b^2}$$

α は $\sin\alpha = \dfrac{b}{r}$, $\cos\alpha = \dfrac{a}{r}$ を満たす角

β は $\cos\beta = \dfrac{b}{r}$, $\sin\beta = \dfrac{a}{r}$ を満たす角

であり，$\beta = \pi/2 - \alpha$ である．

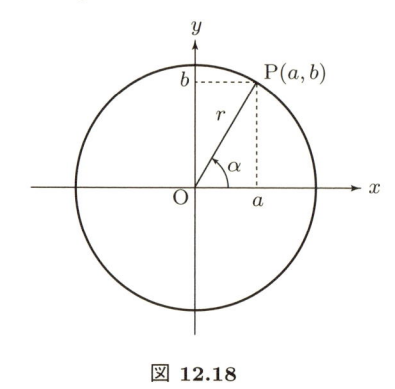

図 12.18

例題 12.16
式 (12.28) と式 (12.29) を導け．

解
$$a\sin x + b\cos x = r\left(\sin x \times \dfrac{a}{r} + \cos x \times \dfrac{b}{r}\right)$$
$$= r(\sin x \cos\alpha + \cos x \sin\alpha)$$
$$= r\sin(x+\alpha)$$
$$a\sin x + b\cos x = b\cos x + a\sin x$$
$$= r\left(\cos x \times \dfrac{b}{r} + \sin x \times \dfrac{a}{r}\right)$$
$$= r(\cos x \cos\beta + \sin x \sin\beta)$$
$$= r\cos(x-\beta)$$

例題 12.17
$\sqrt{3}\sin x + \cos x$ を正弦関数に合成せよ．

解 図 12.19 の直角三角形により

$$\begin{aligned}
\sqrt{3}\sin x + \cos x &= 2\left(\sin x \times \frac{\sqrt{3}}{2} + \cos x \times \frac{1}{2}\right) \\
&= 2\left(\sin x \cos\frac{\pi}{6} + \cos x \sin\frac{\pi}{6}\right) \\
&= 2\sin\left(x + \frac{\pi}{6}\right)
\end{aligned}$$

図 12.19

問 12.14 $\sqrt{3}\sin x + \cos x$ を余弦関数に合成せよ．

12.6 三角関数と図形

12.6.1 正弦定理

△ABC の外接円の直径を d とすると，次の公式を**正弦定理**という．

正弦定理
$$\frac{a}{\sin A} = \frac{b}{\sin B} = \frac{c}{\sin C} = d \tag{12.30}$$

正弦定理は，次のようにして導く．

図 12.20 において，点 A と外接円の中心 O を通る直径の他端を C′ と

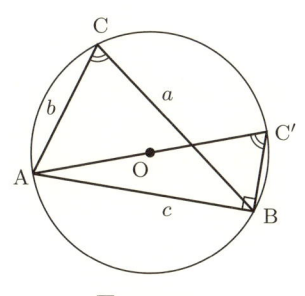

図 12.20

する．そのとき，半円周に対する**円周角**(いまは $\angle ABC'$) は直角であるから，$\triangle ABC'$ は直角三角形になる．

弧 AB に対する円周角とは弧 AB と反対側の弧上の点を C としたとき，$\angle ACB$ のことで，弧 AB に対する円周角はみな等しいという性質をもつ．

したがって，直角三角形 ABC' において
$$c = AC' \sin \angle AC'B = d \sin C$$
より次式が成り立つ．
$$\frac{c}{\sin C} = d$$
同様にして，他の 2 式も導くことができる．

例題 12.18

$\triangle ABC$ において，$A = 60°$, $a = 6$, $B = 45°$ のとき，b, c, C, 外接円の半径 r を求めよ．

解 $C = 180° - (A + B) = 75°$

$$\frac{6}{\sin 60°} = \frac{b}{\sin 45°} = \frac{c}{\sin 75°} = 2r \text{ から}$$

$$r = \frac{6}{2\sin 60°} = \frac{6}{2 \times \sqrt{3}/2} = 2\sqrt{3}, \quad b = 2r \sin 45° = 4\sqrt{3} \times \frac{1}{\sqrt{2}} = 2\sqrt{6}$$

例題 12.14 より $\sin 75° = \dfrac{\sqrt{2}(\sqrt{3}+1)}{4}$ を正弦定理に代入して

$$c = 2r \sin 75° = 4\sqrt{3} \times \frac{\sqrt{2}(\sqrt{3}+1)}{4} = \sqrt{6}(\sqrt{3}+1)$$

問 12.15 $\triangle ABC$ において，次の場合で外接円の半径 r, および残りの辺と角度を求めよ．

(1) $A = 60°$, $a = \sqrt{3}$, $b = 2$ (2) $A = 30°$, $B = 120°$, $b = \sqrt{3}$

12.6.2 余弦定理

$\triangle ABC$ に対して成り立つ次の式を**余弦定理**という．

余弦定理

$$a^2 = b^2 + c^2 - 2bc\cos A$$
$$b^2 = c^2 + a^2 - 2ca\cos B \qquad (12.31)$$
$$c^2 = a^2 + b^2 - 2ab\cos C$$

余弦定理の式 (12.31) は，次のようにして導く．

図 12.21 の △ABC に対して頂点 C から対辺 AB へおろした垂線と AB またはその延長線との交点を H とする．そのとき

$$\mathrm{BH} = c - b\cos A, \qquad \mathrm{CH} = b\sin A$$

三平方の定理から

$$a^2 = \mathrm{BC}^2 = \mathrm{BH}^2 + \mathrm{CH}^2$$
$$= (c - b\cos A)^2 + (b\sin A)^2$$
$$= c^2 - 2bc\cos A + b^2\cos^2 A + b^2\sin^2 A$$
$$= b^2(\cos^2 A + \sin^2 A) + c^2 - 2bc\cos A$$
$$= b^2 + c^2 - 2bc\cos A$$
$$\therefore \quad a^2 = b^2 + c^2 - 2bc\cos A$$

同様にして，他の 2 式も導くことができる．

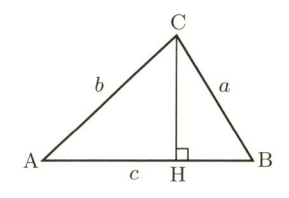

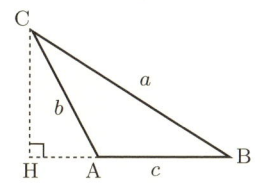

図 12.21

例題 12.19

△ABC において次のものを求めよ．

(1) $a = 4$, $b = 6$, $C = 60°$ のときの c
(2) $a = 3$, $b = 7$, $c = 5$ のときの B

解 (1) $c^2 = a^2 + b^2 - 2ab\cos C = 4^2 + 6^2 - 2 \times 4 \times 6 \times \cos 60°$
$= 28$
$\therefore \quad c = 2\sqrt{7}$

(2) $\cos B = \dfrac{c^2 + a^2 - b^2}{2ca} = \dfrac{5^2 + 3^2 - 7^2}{2 \times 5 \times 3} = -\dfrac{1}{2}$
$\therefore \quad B = 120°$

問 12.16 △ABC において，次のものを求めよ．

(1) $b = 3,\ c = 5,\ A = 120°$ のときの a

(2) $a = 4,\ b = \sqrt{13},\ c = 3$ のときの B

12.6.3 三角形の面積

△ABC の面積 S は，次式で与えられる．

面積公式
$$S = \frac{1}{2}bc\sin A = \frac{1}{2}ca\sin B = \frac{1}{2}ab\sin C \tag{12.32}$$

例題 12.20
面積公式 (12.32) を導け．

解 図 12.21 において
$$S = \frac{1}{2}\text{AB} \times \text{CH}$$
上式に $\text{AB} = c$ と $\text{CH} = b\sin A$ を代入すれば
$$S = \frac{1}{2}bc\sin A$$
を得る．この関係式は A が鈍角でも成り立つ．
　他の 2 式も同様に導くことができる．

問 12.17 次の △ABC の面積を求めよ．
 (1) $b = 4, \ c = 7, \ A = \dfrac{\pi}{6}$ (2) $a = 3, \ c = 6, \ B = \dfrac{2\pi}{3}$

12.6.4 ヘロンの公式

△ABC の面積 S を，3 辺の長さだけから計算することができる便利な公式として，次のヘロンの公式がある．

ヘロンの公式

$$S = \sqrt{\ell(\ell-a)(\ell-b)(\ell-c)} \tag{12.33}$$
$$\text{ただし，} \quad \ell = \frac{a+b+c}{2}$$

この公式は，次のようにして導くことができる．
余弦定理の式 (12.31) の第 1 式から
$$\cos A = \frac{b^2 + c^2 - a^2}{2bc}$$
を $\sin^2 A = 1 - \cos^2 A$ に代入して
$$\begin{aligned}
\sin^2 A &= 1 - \left(\frac{b^2 + c^2 - a^2}{2bc}\right)^2 \\
&= \left(1 - \frac{b^2 + c^2 - a^2}{2bc}\right)\left(1 + \frac{b^2 + c^2 - a^2}{2bc}\right) \\
&= \frac{1}{4b^2c^2}\{2bc - (b^2 + c^2 - a^2)\}(2bc + b^2 + c^2 - a^2) \\
&= \frac{1}{4b^2c^2}\{a^2 - (b^2 - 2bc + c^2)\}(b^2 + 2bc + c^2 - a^2) \\
&= \frac{1}{4b^2c^2}\{a^2 - (b-c)^2\}\{(b+c)^2 - a^2\} \\
&= \frac{1}{4b^2c^2}(a-b+c)(a+b-c)(b+c-a)(b+c+a)
\end{aligned}$$
ここで，$\ell = (a+b+c)/2$ とおいて
$$b+c-a = 2(\ell-a), \quad a-b+c = 2(\ell-b), \quad a+b-c = 2(\ell-c)$$
を代入すると

$$\sin^2 A = \frac{4}{b^2 c^2} \ell(\ell-a)(\ell-b)(\ell-c)$$

A が三角形の内角であるから，$0 < A < \pi$ により $\sin A > 0$ を考慮して

$$\sin A = \frac{2}{bc}\sqrt{\ell(\ell-a)(\ell-b)(\ell-c)}$$

上式を面積公式 (12.32) に代入する．

$$\therefore \quad S = \frac{1}{2}bc\sin A = \sqrt{\ell(\ell-a)(\ell-b)(\ell-c)}$$

例題 12.21

次の 3 辺をもつ △ABC の面積をヘロンの公式により求めよ．

(1) $a=3,\ b=4,\ c=5$ (2) $a=10,\ b=18,\ c=14$

解 (1) $\ell = \dfrac{a+b+c}{2} = \dfrac{3+4+5}{2} = 6$ をヘロンの公式に代入する．

$$S = \sqrt{\ell(\ell-a)(\ell-b)(\ell-c)} = \sqrt{6(6-3)(6-4)(6-5)} = 6$$

(2) $\ell = \dfrac{a+b+c}{2} = \dfrac{10+18+14}{2} = 21$

$$S = \sqrt{21(21-10)(21-18)(21-14)} = 21\sqrt{11}$$

問 12.18 次の △ABC の面積をヘロンの公式により求めよ．

(1) $a=3,\ b=6,\ c=7$ (2) $a=7,\ b=8,\ c=9$

第13章 数　　列

13.1 数列とは

ある規則をもった数 (複素数でもよい) の並びを**数列**という．次にいくつかの例を示す．

(1)　1, 2, 3, 4, 5, 6, 7, 8, 9, 10

(2)　2, 4, 6, 8, 10, 12, 14, 16, $\cdots\cdots$

(3)　$\dfrac{1}{3}, \dfrac{1}{5}, \dfrac{1}{7}, \dfrac{1}{9}, \dfrac{1}{11}, \dfrac{1}{13}, \dfrac{1}{15}, \dfrac{1}{17}, \cdots\cdots$

(4)　32, 105, 54, -2, 5, $\dfrac{1}{6}$, 18

(1) は自然数を並べたもので**自然数列**，(2) は偶数を並べたもので**偶数列**とよばれる．(3) は奇数を分母にもつ数の並びである．(4) は何の規則性もなく単に実数を並べたものであり，数列ではこのような数の並びは扱わない．

数列は一般に

$$a_1,\ a_2,\ a_3,\ a_4,\ \cdots\cdots,\ a_n \quad \text{または} \quad \{a_n\} \tag{13.1}$$

と表す．n は自然数で，n が有限のとき**有限数列**といい，そうでないときは**無限数列**という．上に示した例で，(1) は有限数列，(2) と (3) は無限数列である．無限数列を表記するときは，例のように最後を「$\cdots$」で示す．

数列の数の並びの一つひとつを**項**という．項をよぶとき，a_1 は第1項，a_2 は第2項，a_3 は第3項，$\cdots$，a_n は第 n 項 (または**一般項**) という．数列において，その規則性を定めるために一般項 a_n の式は重要である．一

般項 a_n の式とは，項番号 n とその数列に固有のもの (たとえば第 1 項) で表したものである．

一般項の番号は n である必要はなく，一般的であれば番号 k や番号 ℓ などとしてよい．なお，第 1 項 a_1 のことを**初項**ともいい，有限数列のときの最後の項 a_n を**末項**，項の個数を**項数**という．

例題 13.1

次の各数列で ( ) に当てはまる数を入れよ．

(1) 5, 7, 9, ( ), 13, 15, 17, 19, ……

(2) 3, ( ), 27, 81, 243, 729

(3) 2, 4, $\dfrac{1}{6}$, $\dfrac{1}{8}$, 10, 12, $\dfrac{1}{14}$, ( ), 18, 20, ……

解 (1) 奇数の並びである．11　　(2) 3 の累乗の並びである．9

(3) 偶数を用いて整数が 2 個，整数の逆数が 2 個ずつの並びである．$\dfrac{1}{16}$

問 13.1 次の数列の 10 番目の項を求めよ．

(1) 1, 2, 3, 4, 5, ……　　(2) 2, 4, 6, 8, 10, ……

(3) 1, 3, 5, 7, 9, ……

13.2 数列の和と Σ 記号

有限数列や無限数列において，数列の和
$$a_1 + a_2 + a_3 + \cdots\cdots + a_n$$
を表すために

$$a_1 + a_2 + a_3 + \cdots\cdots + a_n = \sum_{k=1}^{n} a_k \qquad (13.2)$$

のように **Σ記号** (ギリシャ文字の「シグマ」) を用いる．表し方は，まず Σ 記号の直後に一般項を書き，Σ の下に $k=1$ のように k のとる最初の項番号を，上に k のとる最後の項番号を示す．ただし，最初の項番号は 1 でなくてよい．たとえば，第 5 項から第 10 項までの和は

$$a_5 + a_6 + a_7 + a_8 + a_9 + a_{10} = \sum_{k=5}^{10} a_k$$

と表す．

Σ 記号の読み方は，上に書いた「数列 a_n の第 5 項から第 10 項までの和」とそのままを読む．

例題 13.2
一般項が次の式で表される数列について，初項から第 5 項までの和を Σ 記号で表せ．
(1) $2n-1$ (2) $3n$

解 (1) $1+3+5+7+9 = \sum_{k=1}^{5}(2k-1)$

(2) $3+6+9+12+15 = \sum_{k=1}^{5} 3k$

問 13.2 一般項が次の式で表される数列について，第 2 項から第 6 項までの和を Σ 記号で表せ．
(1) $3n-1$ (2) 2^n (3) 2

13.3 等差数列

13.3.1 等差数列の一般項

隣り合った 2 つの項の差が一定という性質をもつ数列を，**等差数列**という．

$$a_1,\ a_2,\ a_3,\ a_4,\ \cdots\cdots,\ a_n,\ \cdots\cdots$$

を初項が a_1 の等差数列とすると，前後の項の差が一定であるから

$$a_k - a_{k-1} = d \quad (k = 2,\ 3,\ 4,\ \cdots) \tag{13.3}$$

と表すことができ，この差 d を**公差**という．ここで，公差は，後ろ (a_k) から前 (a_{k-1}) を引いたものであることに注意しなければならない．

等差数列の定義式 (13.3) から一般項の公式を導くために，式 (13.3) を $k=2$ から $k=n$ まで書き並べて，その $n-1$ 個の式をすべて加える．

$$
\begin{array}{ll}
k = 2 \text{ のとき} & a_2 - a_1 = d \\
k = 3 \text{ のとき} & a_3 - a_2 = d \\
k = 4 \text{ のとき} & a_4 - a_3 = d \\
k = 5 \text{ のとき} & a_5 - a_4 = d \\
\quad \vdots & \quad \vdots \\
k = n-1 \text{ のとき} & a_{n-1} - a_{n-2} = d \\
+)\ k = n \text{ のとき} & a_n - a_{n-1} = d \\
\hline
& a_n - a_1 = (n-1)d
\end{array}
\right\} n-1 \text{ 個}
$$

したがって，一般項 a_n の公式は次のようになる．

$$a_n = a_1 + (n-1)d \tag{13.4}$$

例題 13.3

次の等差数列の一般項 a_n を求めて，最初の 5 項を示せ．

(1) 初項が 2，公差が 3　　(2) 第 3 項が 10，第 10 項が 31

解 (1) $a_1 = 2,\ d = 3$ を式 (13.4) に代入する．

$\therefore\ a_n = 2 + 3(n-1) = 3n - 1$

数列は　$2,\ 5,\ 8,\ 11,\ 14$

(2) 初項を a_1, 公差を d とする.

$$\begin{cases} a_3 = a_1 + (3-1)d = a_1 + 2d \\ a_{10} = a_1 + (10-1)d = a_1 + 9d \end{cases} \longrightarrow \begin{cases} a_1 + 2d = 10 \\ a_1 + 9d = 31 \end{cases}$$

この連立 1 次方程式を解いて $a_1 = 4$, $d = 3$ を得る.

∴ $a_n = 4 + 3(n-1) = 3n + 1$

数列は 4, 7, 10, 13, 16

問 13.3 次の等差数列の一般項 a_n を求めて, 最初の 3 項を示せ.
(1) 第 5 項が 12, 第 10 項が 22   (2) 第 4 項が 10, 公差が -2

13.3.2 等差数列の和

初項が a_1, 公差が d, 項数 n の等差数列の初項 a_1 から末項 a_n までの和を

$$S_n = a_1 + a_2 + a_3 + \cdots\cdots + a_{n-2} + a_{n-1} + a_n \qquad (13.5)$$

とおく. さらに, 右辺の順序を逆にして書くと

$$S_n = a_n + a_{n-1} + a_{n-2} + \cdots\cdots + a_3 + a_2 + a_1 \qquad (13.6)$$

式 (13.5) と式 (13.6) の両辺をそれぞれ加える. 右辺は第 1 項から縦に順に加えて

$$2S_n = (a_1 + a_n) + (a_2 + a_{n-1}) + (a_3 + a_{n-2}) + \cdots$$
$$\cdots + (a_{n-2} + a_3) + (a_{n-1} + a_2) + (a_n + a_1)$$

を得る. 右辺の $(a_1 + a_n)$, $(a_2 + a_{n-1})$, $\cdots$ の各項に式 (13.4) を代入してみれば, 2 項の和がすべて等しく, $2a_1 + (n-1)d$ になることがわかる. さらに 2 項の組が全部で n 個あるから

$$2S_n = n\{2a_1 + (n-1)d\}$$

となる. したがって,

$$S_n = \frac{n\{2a_1 + (n-1)d\}}{2} \tag{13.7}$$

一方，分子は

$$2a_1 + (n-1)d = a_1 + \{a_1 + (n-1)d\} = a_1 + a_n$$

であるから，S_n は次のように表すこともできる．

$$S_n = \frac{n(a_1 + a_n)}{2} \tag{13.8}$$

例題 13.4
次の等差数列の初項から第 10 項までの和 S_{10} を求めよ．
(1) 初項が 2，公差が 3　　(2) 第 3 項が 10，第 10 項が 31

解 この等差数列は，例題 13.3 で求めたものと同じである．
(1) 初項 $a_1 = 2$，公差 $d = 3$ であるから式 (13.7) から

$$S_{10} = \frac{10\{2 \times 2 + (10-1) \times 3\}}{2} = 155$$

(2) (1) とは別な求め方をしよう．例題 13.3(2) の結果を用いて，初項 $a_1 = 4$，第 10 項 $a_{10} = 31$ であるから式 (13.8) から

$$S_{10} = \frac{10(4 + 31)}{2} = 175$$

問 13.4 次の等差数列の初項から第 10 項までの和を求めよ．
(1) 初項が 15，公差が -5　　(2) 初項が 8，第 10 項が 23

13.4 等比数列

13.4.1 等比数列の一般項

隣り合った 2 つの項の比が一定の数列を **等比数列** という．その 1 つを例として次に示す．

$$2,\ 4,\ 8,\ 16,\ 32,\ 64,\ 128,\ 256,\ \cdots\cdots$$

この数列の前後の項の比は 2 で，後ろほど項が大きくなる．

いま，$a_1 \neq 0$ である数列

$$a_1,\ a_2,\ a_3,\ a_4,\ \cdots\cdots,\ a_n,\ \cdots\cdots$$

が等比数列のとき

$$\frac{a_k}{a_{k-1}} = r \qquad (k = 2,\ 3,\ 4,\ \ldots) \tag{13.9}$$

を **公比** (後ろの項を前の項で割る) という．この式から等比数列の一般項を導こう．

初項 a_1，公比 r の等比数列に対して，式 (13.9) を $k=2$ から $k=n$ まで順に書き並べて

$$\frac{a_2}{a_1} = r,\ \frac{a_3}{a_2} = r,\ \frac{a_4}{a_3} = r,\ \cdots,\ \frac{a_n}{a_{n-1}} = r$$

の両辺をすべてかけあわせると，次のようになる．

$$\frac{a_2}{a_1} \times \frac{a_3}{a_2} \times \frac{a_4}{a_3} \times \cdots \times \frac{a_n}{a_{n-1}} = \underbrace{r \times r \times r \times \cdots \times r}_{(n-1)\ \text{個}} = r^{n-1}$$

$$\therefore\quad \frac{a_n}{a_1} = r^{n-1}$$

以上により，初項 a_1，公比 r の等比数列の一般項として次の公式を得る．

$$a_n = a_1 r^{n-1} \tag{13.10}$$

例題 13.5

次の等比数列の公比 r と一般項 a_n を求めよ．

(1) $2, 4, 8, 16, 32, 64, 128, 256, \cdots\cdots$

(2) $27, 9, 3, 1, \dfrac{1}{3}, \dfrac{1}{9}, \cdots\cdots$

解 (1) 初項 $a_1 = 2$，公比 $r = a_2/a_1 = 2$，a_1 と r を式 (13.10) に代入して
$$\therefore \quad \text{一般項 } a_n = 2 \cdot 2^{n-1} = 2^n$$

(2) 初項 $a_1 = 27$，公比 $r = a_2/a_1 = 9/27 = 1/3$
$$\therefore \quad \text{一般項 } a_n = 27 \left(\dfrac{1}{3}\right)^{n-1} \qquad (a_n = 3^{4-n} \text{ と書いてもよい})$$

問 13.5 次の等比数列の一般項 a_n を求めて，第 2 項から第 4 項までを示せ．

(1) 初項が 3，公比が -2 (2) 第 5 項が $-\dfrac{15}{2}$，第 7 項が $-\dfrac{15}{8}$

13.4.2 等比数列の和

初項が a_1，公比が r，項数 n の有限等比数列の初項から末項までの和

$$S_n = a_1 + a_2 + a_3 + \cdots\cdots + a_{n-2} + a_{n-1} + a_n$$
$$= a_1 + a_1 r + a_1 r^2 + \cdots\cdots + a_1 r^{n-2} + a_1 r^{n-1} \quad (13.11)$$

を求める．いま，式 (13.11) の両辺を r 倍する．

$$rS_n = a_1 r + a_1 r^2 + a_1 r^3 + \cdots\cdots + a_1 r^{n-1} + a_1 r^n \quad (13.12)$$

式 (13.11) から式 (13.12) を引いて次の式を得る．

$$S_n - rS_n = a_1 - a_1 r^n \quad \longrightarrow \quad (1-r)S_n = a_1(1-r^n)$$

この両辺を $(1-r)$ で割って，初項が a_1，公比が r の等比数列の初項から第 n 項までの和 S_n の公式を得る．

$$S_n = a_1 \dfrac{1-r^n}{1-r} \quad \text{または} \quad S_n = a_1 \dfrac{r^n-1}{r-1} \quad (r \neq 1) \quad (13.13)$$

分子と分母がともに正になるように $r<1$ のときは左の式, $r>1$ のときは右の式と使い分ければよい. なお, 公比が $r=1$ のときは, 式(13.11)から

$$S_n = a_1 + a_1 + a_1 + \cdots\cdots + a_1 = \sum_{k=1}^{n} a_1 = na_1 \qquad (13.14)$$

となる.

例題 13.6
例題 13.5 の数列の第 1 項から第 5 項までの和 S_5 を求めよ.

解 わずか 5 項であるから数列を加えても得られるが, 練習のために例題 13.5 で求めた初項 a と公比 r を公式 (13.13) に代入する.
(1) 初項 $a_1 = 2$, 公比 $r = 2$, 項数 $n = 5$ であるから

$$S_5 = 2 \times \frac{2^5 - 1}{2 - 1} = 2(2^5 - 1) = 62$$

(2) 初項 $a_1 = 27$, 公比 $r = 1/3$ であるから

$$S_5 = 27 \times \frac{1 - (1/3)^5}{1 - (1/3)} = \frac{121}{3}$$

問 13.6 次の等比数列の初項から第 10 項までの和を求めよ.
(1) 初項が 3, 公比が -2 (2) 初項が 120, 公比が $-\dfrac{1}{2}$

13.5 特別な数列とその和

13.5.1 1, 2, 3, 4, 5, ··· の数列 (自然数列)

$$1,\ 2,\ 3,\ 4,\ 5,\ \cdots$$

を **自然数列** といい, これは初項 $a_1 = 1$, 公差 $d = 1$ の等差数列である. 一般項は公式 (13.4) を使うまでもなく次式になることがわかる.

$$a_n = n \tag{13.15}$$

自然数列の 1 から n までの和

$$1+2+3+4+5+\cdots+n = \sum_{k=1}^{n} k$$

は，$a_1 = 1$ と $a_n = n$ を公式 (13.8) に代入して

$$\sum_{k=1}^{n} k = \frac{n(n+1)}{2} \tag{13.16}$$

例題 13.7
自然数列の一部である次の数列の和を求めよ．
$$14,\ 15,\ 16,\ \cdots,\ 24,\ 25,\ 26$$

解 いろいろな求め方があるが

$$S_1 = 1 + 2 + 3 + \cdots + 12 + 13$$
$$S_2 = 1 + 2 + 3 + \cdots + 12 + 13 + 14 + 15 + \cdots + 25 + 26$$
$$S = \qquad\qquad\qquad\qquad 14 + 15 + \cdots + 25 + 26$$

とすると，$S = S_2 - S_1$ である．一方，式 (13.16) から

$$S_1 = \sum_{k=1}^{13} k = \frac{13 \times (13+1)}{2} = 91$$

$$S_2 = \sum_{k=1}^{26} k = \frac{26 \times (26+1)}{2} = 351$$

$$S = S_2 - S_1 = 351 - 91 = 260$$

$$\therefore \quad 14 + 15 + 16 + \cdots + 24 + 25 + 26 = 260$$

13.5.2　2, 4, 6, 8, 10, $\cdots$ の数列 (偶数列)

$$2,\ 4,\ 6,\ 8,\ 10,\ \cdots$$

の偶数の並びを**偶数列**といい，初項 $a_1 = 2$，公差 $d = 2$ の等差数列である．一般項は

$$a_n = 2n \qquad (13.17)$$

である．この数列の初項から第 n 項目までの和
$$2 + 4 + 6 + 8 + 10 + \cdots + 2n = \sum_{k=1}^{n} 2k$$
は，$a_1 = 2$ と $a_n = 2n$ を公式 (13.8) に代入して

$$\sum_{k=1}^{n} 2k = n(n+1) \qquad (13.18)$$

例題 13.8
偶数列において初項から第 10 項までの和を求めよ．

解 $S_{10} = \sum_{k=1}^{10} 2k = 10(10+1) = 110$

例題 13.9
偶数列の和の公式 (13.18) を自然数列の和の公式 (13.16) から導け．

解
$$\begin{aligned}
\sum_{k=1}^{n} 2k &= 2 + 4 + 6 + 8 + 10 + \cdots + 2n \\
&= 2(1 + 2 + 3 + 4 + 5 + \cdots + n) \qquad \text{式 (13.16) を代入する．} \\
&= 2 \times \frac{n(n+1)}{2} \\
&= n(n+1)
\end{aligned}$$

(**注意**) この結果から $\sum_{k=1}^{n} 2k = 2 \sum_{k=1}^{n} k$ の成り立つことが推察される．

13.5.3 1, 3, 5, 7, 9, ⋯ の数列 (奇数列)

$$1, 3, 5, 7, 9, \cdots$$

の奇数の並びを**奇数列**といい，初項 $a_1 = 1$，公差 $d = 2$ の等差数列である．一般項は

$$a_n = 2n - 1 \qquad (13.19)$$

である．この数列の初項から第 n 項目までの和

$$1 + 3 + 5 + 7 + 9 + \cdots + (2n-1) = \sum_{k=1}^{n}(2k-1)$$

は，$a_1 = 1$ と $a_n = 2n - 1$ を公式 (13.8) に代入して

$$\sum_{k=1}^{n}(2k-1) = n^2 \qquad (13.20)$$

(注意) $\sum_{k=1}^{n}(2k-1)$ と $\sum_{k=1}^{n}2k - 1$ は意味が違うことに注意すること．
前者は奇数列の和，後者は偶数列の和から 1 を引いたものである．

例題 13.10
1 から $2n$ までの自然数列の和とその間に含まれる偶数列および奇数列の和との関係を調べよ．

解 1 から $2n$ までの自然数列の和を S_{2n} とおくと，

$$\begin{aligned}
S_{2n} &= \sum_{k=1}^{2n} k \\
&= \underbrace{1 + 2 + 3 + 4 + \cdots + n + (n+1) + \cdots + (2n-1) + 2n}_{2n \text{ 個}} \\
&= \underbrace{\{1 + 3 + 5 + \cdots + (2n-1)\}}_{n \text{ 個}} + \underbrace{(2 + 4 + \cdots + 2n)}_{n \text{ 個}}
\end{aligned}$$

(初項 1 で n 個の奇数列の和)+(初項 2 で n 個の偶数列の和)

$$= n^2 + n(n+1)$$
$$= n(2n+1)$$

一方，S_{2n} は 1 から $2n$ までの $2n$ 個の自然数列の和であるから，式 (13.16) の項数 n に $2n$ を代入して求めることができる．

$$S_{2n} = \sum_{k=1}^{2n} k = \frac{2n(2n+1)}{2} = n(2n+1)$$

当然であるが，

$(1$ から $2n$ 個までの自然数列の和$)$
$= ($初項 1 で n 個の奇数列の和$) + ($初項 2 で n 個の偶数列の和$)$

であることが確かめられた．

13.5.4 $1^2, 2^2, 3^2, 4^2, 5^2, \cdots$ の数列

$$1^2, 2^2, 3^2, 4^2, 5^2, \cdots$$

の数列の一般項は

$$a_n = n^2 \tag{13.21}$$

である．この数列の初項から第 n 項目までの和

$$S_n = 1^2 + 2^2 + 3^2 + 4^2 + 5^2 + \cdots + n^2$$

を求めるには，恒等式

$$(k+1)^3 - k^3 = 3k^2 + 3k + 1$$

の k に $1, 2, 3, \cdots, n$ を代入してつくられる n 個の式をすべて加える．

$$\left.\begin{array}{ll} k = 1 \text{ のとき} & 2^3 - 1^3 = 3 \cdot 1^2 + 3 \cdot 1 + 1 \\ k = 2 \text{ のとき} & 3^3 - 2^3 = 3 \cdot 2^2 + 3 \cdot 2 + 1 \\ k = 3 \text{ のとき} & 4^3 - 3^3 = 3 \cdot 3^2 + 3 \cdot 3 + 1 \\ k = 4 \text{ のとき} & 5^3 - 4^3 = 3 \cdot 4^2 + 3 \cdot 4 + 1 \\ \quad \vdots & \quad \vdots \\ +) \ k = n \text{ のとき} & (n+1)^3 - n^3 = 3 \cdot n^2 + 3 \cdot n + 1 \end{array}\right\} n \text{ 個}$$

$$(n+1)^3 - 1^3 = 3(1^2 + 2^2 + 3^2 + 4^2 + 5^2 + \cdots + n^2)$$
$$+ 3(1 + 2 + 3 + 4 + 5 + \cdots + n) + n$$

ここで

右辺第 1 項 $= 3(1^2 + 2^2 + 3^2 + 4^2 + 5^2 + \cdots + n^2) = 3\sum_{k=1}^{n} k^2 = 3S_n$

右辺第 2 項は自然数列の和であり，式 (13.16) から

右辺第 2 項 $= 3(1 + 2 + 3 + 4 + 5 + \cdots + n) = 3\sum_{k=1}^{n} k = \frac{3}{2}n(n+1)$

したがって

$$3S_n = (n+1)^3 - 1 - \frac{3}{2}n(n+1) - n$$
$$= (n+1)^3 - \frac{3}{2}n(n+1) - (n+1)$$
$$= \frac{n(n+1)(2n+1)}{2}$$

よって

$$\sum_{k=1}^{n} k^2 = \frac{n(n+1)(2n+1)}{6} \tag{13.22}$$

例題 13.11

次の和を求めよ．
$$S = 11^2 + 12^2 + 13^2 + 14^2 + \cdots + 20^2$$

解 $S_{10} = 1^2 + 2^2 + 3^2 + \cdots + 10^2 = \sum_{k=1}^{10} k^2$

$S_{20} = 1^2 + 2^2 + 3^2 + \cdots + 10^2 + 11^2 + \cdots + 19^2 + 20^2 = \sum_{k=1}^{20} k^2$

とおくと，式 (13.22) で S_{10} は $n = 10$, S_{20} は $n = 20$ を代入すれば得られる．したがって，

$$S = S_{20} - S_{10} = \left.\frac{n(n+1)(2n+1)}{6}\right|_{n=20} - \left.\frac{n(n+1)(2n+1)}{6}\right|_{n=10}$$
$$= \frac{20 \cdot 21 \cdot 41}{6} - \frac{10 \cdot 11 \cdot 21}{6}$$
$$= 2\,870 - 385 = 2\,485$$

(注意) 以後，$f(n)|_{n=k}$ は $f(k)$ と同じである．

13.6 Σによる演算

これまで，Σは数列の和を簡単に表す記号として利用してきた．しかし，Σを演算記号としても利用することができる．これから，そのことを説明していくことにしよう．

13.6.1 Σ表記

式 (13.2) に示した Σ 表記は

$$\sum_{k=1}^{n} a_k = a_1 + a_2 + a_3 + \cdots\cdots + a_n$$

であったが，和を求める最初の項番号は 1 でなくてもよい．さらに，番号を表す文字 k は何を使用してもよい．次にいくつかの例を示す．

(1) $\displaystyle\sum_{c=1}^{n} a_c = a_1 + a_2 + a_3 + \cdots + a_n$

(2) $\displaystyle\sum_{d=1}^{n} b_d = b_1 + b_2 + b_3 + \cdots + b_n$

(3) $\displaystyle\sum_{k=5}^{9} a_k = a_5 + a_6 + a_7 + a_8 + a_9$

(4) $\displaystyle\sum_{\ell=9}^{5} a_\ell = a_9 + a_8 + a_7 + a_6 + a_5$

Σ の表記で注意しなければならないことを，上の例にあわせて説明する．

$$\sum\ \boxed{1}\ \begin{matrix}\boxed{3}\\ \\ \boxed{2}\end{matrix} \quad \longrightarrow \quad \begin{cases} \boxed{1} : \text{数列を指定する一般項} \\ \boxed{2} : \text{数列の最初の番号} \\ \boxed{3} : \text{数列の最後の番号} \end{cases}$$

- $\boxed{1}$ は a_k, a_ℓ のような添字付文字や具体的な自然数についての式 (関数) でもよい．
- $\boxed{2}$ には和をとる項番号の最初，$\boxed{3}$ には最後の番号を指定する．番号を制御する変数にはどのような文字をあててもよい (例では c,

- 項番号は初期番号から末項番号まで 1 ずつ変化させる．そのとき，項番号は増加させる場合 (例 (3)) と減少させる場合 (例 (4)) の 2 通りがある．どちらかは，初期番号と末項番号の大小で判断する．
- 上の例では意図的に項番号を制御する変数に c, d などの文字を使用したが，通常は i, j, k, ℓ, m をあてることが多い．

例題 13.12

次の和を Σ で表せ．
(1) $4^2 + 5^2 + 6^2 + 7^2 + 8^2 + 9^2 + 10^2 + 11^2 + 12^2 + 13^2$
(2) $\dfrac{1}{1} + \dfrac{1}{2} + \dfrac{1}{3} + \dfrac{1}{4} + \dfrac{1}{5} + \dfrac{1}{6} + \dfrac{1}{7} + \dfrac{1}{8} + \dfrac{1}{9} + \dfrac{1}{10}$
(3) $3 \cdot 4 + 4 \cdot 5 + 5 \cdot 6 + 6 \cdot 7 + 7 \cdot 8 + 8 \cdot 9 + 9 \cdot 10$
(4) $5 + 5 + 5 + 5 + 5 + 5 + 5 + 5 + 5 + 5 + 5$
(5) $(2^2 + 2) + (3^2 + 3) + (4^2 + 4) + (5^2 + 5) + (6^2 + 6)$

解 (1) $\displaystyle\sum_{k=4}^{13} k^2$ または $\displaystyle\sum_{k=1}^{10} (k+3)^2$ (2) $\displaystyle\sum_{k=1}^{10} \dfrac{1}{k}$

(3) $\displaystyle\sum_{k=3}^{9} k(k+1)$ または $\displaystyle\sum_{k=1}^{7} (k+2)(k+3)$

(4) $\displaystyle\sum_{k=1}^{11} 5$ (5) $\displaystyle\sum_{k=2}^{6} (k^2 + k) = \displaystyle\sum_{k=2}^{6} k(k+1)$ 　　一般項は (3) と同じ

問 13.7 次を Σ で表せ．
(1) 初項が 2 で公差が -4 の等差数列の初項から第 8 項までの和
(2) 初項が 4 で公比が 2 の等比数列の初項から第 12 項までの和
(3) 初項が 1 の自然数列の第 10 項から第 3 項までの和
(4) 奇数列の第 4 項から第 10 項までの和

13.6.2 Σ の性質

Σ は数列の和を表す単なる記号ではなく，次に示す Σ の性質により演算記号として使用することができる．

Σ の性質

c, d は k に無関係な定数，$1 < \ell < n$ とする．

(1) $\displaystyle\sum_{k=1}^{n} c = nc$ $\quad \left(\text{特に } c = 1 \text{ のとき } \displaystyle\sum_{k=1}^{n} 1 = n\right)$

(2) $\displaystyle\sum_{k=1}^{n} ca_k = c \sum_{k=1}^{n} a_k$

(3) $\displaystyle\sum_{k=1}^{n} (a_k \pm b_k) = \sum_{k=1}^{n} a_k \pm \sum_{k=1}^{n} b_k$

(4) $\displaystyle\sum_{k=1}^{n} (ca_k \pm db_k) = c\sum_{k=1}^{n} a_k \pm d\sum_{k=1}^{n} b_k$

(5) $\displaystyle\sum_{i=1}^{n} a_i = \sum_{j=1}^{n} a_j, \quad \sum_{k=1}^{n} a_k = \sum_{k=n}^{1} a_k, \quad \sum_{k=1}^{n} a_k = \sum_{k=1}^{\ell} a_k + \sum_{k=\ell+1}^{n} a_k$

性質 (1) は，すでに等比数列の公式 (13.14) でも示したが

$$\sum_{k=1}^{n} c = \underbrace{c + c + c + c + \cdots + c}_{n \text{ 個}} = nc$$

から明らかであろう．性質 (2) は

$$\sum_{k=1}^{n} ca_k = ca_1 + ca_2 + ca_3 + ca_4 + \cdots + ca_n$$
$$= c(a_1 + a_2 + a_3 + a_4 + \cdots + a_n)$$
$$= c\sum_{k=1}^{n} a_k$$

性質 (3) は

$$\sum_{k=1}^{n} (a_k \pm b_k) = (a_1 \pm b_1) + (a_2 \pm b_2) + (a_3 \pm b_3) + \cdots + (a_n \pm b_n)$$
$$= (a_1 + a_2 + a_3 + \cdots + a_n) \pm (b_1 + b_2 + b_3 + \cdots + b_n)$$

$$= \sum_{k=1}^{n} a_k \pm \sum_{k=1}^{n} b_k$$

性質 (4) は，性質 (2) と性質 (3) の組合せである．

性質 (5) は式で示すより，意味を理解するほうがよい．1 番目は，Σ 記号で使う項番号を示す文字は何でもよい．2 番目は，数列の和を昇順の番号で計算しても，降順で計算しても，両者は等しい．3 番目は，全体を 2 つに分割してそれぞれの和を求めて，その 2 つの和を加えたものは全体の和に等しい．

以上の Σ の性質と前章で示した特別な数列の和を組み合わせると，いろいろな数列の和を簡単に求めることができるようになる．改めて特別な数列の和を次に示す．以後，これらを公式として利用する．

特別な数列の和

(1) 定数の和 ： $\sum_{k=1}^{n} 1 = n$

(2) 自然数列の和： $\sum_{k=1}^{n} k = \dfrac{n(n+1)}{2}$

(3) 偶数列の和 ： $\sum_{k=1}^{n} 2k = n(n+1)$

(4) 奇数列の和 ： $\sum_{k=1}^{n} (2k-1) = n^2$

(5) $1^2 + 2^2 + 3^2 + \cdots + n^2$ ： $\sum_{k=1}^{n} k^2 = \dfrac{n(n+1)(2n+1)}{6}$

例題 13.13

Σ の性質 (4) を性質 (2) と (3) により導け．

解 $\displaystyle\sum_{k=1}^{n}(ca_k \pm db_k) = \sum_{k=1}^{n}ca_k \pm \sum_{k=1}^{n}db_k$　　（性質 (3) より）

$\displaystyle\qquad\qquad\qquad = c\sum_{k=1}^{n}a_k \pm d\sum_{k=1}^{n}b_k$　　（性質 (2) より）

13.6.3　Σ による演算例

これから簡単な説明を加えながら，Σ の演算を具体例により示していく．

例1　定数

(1) $\displaystyle\sum_{k=1}^{n}3$　を求める．

$\displaystyle\sum_{k=1}^{n}3 = 3\sum_{k=1}^{n}1 = 3n$　　（**注意**）　通常は，性質 (1) から直接求める．

この数列の和： $\overbrace{3+3+3+\cdots+3}^{n\text{ 個}}$

(2) $\displaystyle\sum_{k=1}^{n-3}1$　を求める．ただし，$n \geqq 4$ とする．

$\displaystyle\sum_{k=1}^{n-3}1 = n-3$　　（**注意**）　1 を $(n-3)$ 個加えたもの．

この数列の和： $\overbrace{1+1+1+\cdots+1}^{(n-3)\text{ 個}}$

例2　自然数列

(1) $\displaystyle\sum_{k=1}^{n}k = 1+2+3+\cdots+(n-1)+n = \frac{n(n+1)}{2}$　から

$\displaystyle\sum_{k=1}^{n-1}k = 1+2+3+\cdots+(n-1)$　を求める．

両者の違いは末項の番号だけである．同じ文字 n を使用しているので注意を要するが，前者の自然数列の公式の n に $n-1$ を代入すれば，後者の和が求められる．すなわち

$\displaystyle\sum_{k=1}^{n-1}k = \left.\frac{n(n+1)}{2}\right|_{n\to n-1} = \frac{(n-1)(n-1+1)}{2} = \frac{n(n-1)}{2}$

別解 最初の2式を比較して

$$\sum_{k=1}^{n-1} k = \sum_{k=1}^{n} k - n = \frac{n(n+1)}{2} - n = \frac{n(n-1)}{2}$$

(2) $\displaystyle\sum_{k=4}^{n} k = 4 + 5 + 6 + 7 + \cdots + n$ を求める．

先頭の番号が $k \ne 1$ のため公式を使えないので，先頭の番号が1になるように変数 k をおきかえる．

$k - 3 = m$ とおくと

　　数列 k は $m + 3$

　　先頭の番号 $k = 4$ は $m = 1$

　　最後の番号 $k = n$ は $m = n - 3$

となる．したがって，与式は次のように変形される．

$$\sum_{k=4}^{n} k = \sum_{m=1}^{n-3} (m+3) = \underbrace{\sum_{m=1}^{n-3} m}_{\text{(自然数列の和)}} + \sum_{m=1}^{n-3} 3$$

$$= \left.\frac{m(m+1)}{2}\right|_{m=n-3} + 3(n-3)$$

$$= \frac{(n-3)(n-2)}{2} + 3(n-3)$$

$$= \frac{(n-3)(n+4)}{2}$$

別解 性質 (5) の3番目の関係より

$$\sum_{k=4}^{n} k = \sum_{k=1}^{n} k - \sum_{k=1}^{3} k = \frac{n(n+1)}{2} - \frac{3(3+1)}{2}$$

$$= \frac{n(n+1)}{2} - 6 = \frac{n(n+1) - 12}{2} = \frac{(n-3)(n+4)}{2}$$

例3　偶数列

(1) $\displaystyle\sum_{k=1}^{n} 2k$ を求める．

$$\sum_{k=1}^{n}2k=2\sum_{k=1}^{n}k=2\times\frac{n(n+1)}{2}=n(n+1)$$

(2) $\sum_{k=4}^{n}2k$ を求める．ただし，$n\geqq 4$ とする．

$$\sum_{k=4}^{n}2k=8+10+12+14+\cdots+2n$$

例2(2) と同様にする．

$$\sum_{k=4}^{n}2k=2\sum_{k=4}^{n}k=2\sum_{m=1}^{n-3}(m+3)=(n-3)(n+4)$$

例4 奇数列

(1) $\sum_{k=1}^{n}(2k-1)$ を求める．

$$\sum_{k=1}^{n}(2k-1)=\sum_{k=1}^{n}2k-\sum_{k=1}^{n}1=n(n+1)-n=n^2$$

(2) $\sum_{k=1}^{n}(2k+1)$ を求める．

$$\sum_{k=1}^{n}(2k+1)=\sum_{k=1}^{n}2k+\sum_{k=1}^{n}1=n(n+1)+n=n(n+2)$$

(注意) (1), (2) ともに項数が n であるが，初項は (1) が 1, (2) が 3 の違いがある．次に，$n=5$ として具体例を示す．

(1) $\sum_{k=1}^{5}(2k-1)=1+3+5+7+9\ =5^2\quad\quad =25$

(2) $\sum_{k=1}^{5}(2k+1)=3+5+7+9+11=5(5+2)=35$

例5 $\sum_{k=1}^{n}k(k+1)=1\cdot 2+2\cdot 3+3\cdot 4+4\cdot 5+\cdots+n\cdot(n+1)$

を求める．

$$\sum_{k=1}^{n}k(k+1)=\sum_{k=1}^{n}(k^2+k)=\sum_{k=1}^{n}k^2+\sum_{k=1}^{n}k$$
$$=\frac{n(n+1)(2n+1)}{6}+\frac{n(n+1)}{2}$$

$$= \frac{n(n+1)(n+2)}{3}$$

例題 13.14

次の和を求めよ．

(1) $\displaystyle\sum_{m=1}^{20} 4m$ (2) $\displaystyle\sum_{k=5}^{n-1} (k+2) \quad (n \geqq 6)$

(3) $\displaystyle\sum_{k=1}^{10} (k+1)^2$ (4) $\displaystyle\sum_{\ell=2}^{m} (\ell^2+1) \quad (m \geqq 2)$

(5) $\displaystyle\sum_{k=4}^{12} (k+1)(k+2)$

解 (1) $\displaystyle\sum_{k=1}^{20} 4m = 4\sum_{m=1}^{20} m = 4 \times \frac{20(20+1)}{2} = 840$

(2) $\underbrace{\displaystyle\sum_{k=5}^{n-1}(k+2) = \sum_{m=1}^{n-5}(m+6)}_{(k-4=m \text{ とおく})} = \sum_{m=1}^{n-5} m + \sum_{m=1}^{n-5} 6$

$$= \frac{(n-5)(n-4)}{2} + 6(n-5) = \frac{(n-5)(n+8)}{2}$$

(3) $\displaystyle\sum_{k=1}^{10}(k+1)^2 = \sum_{k=1}^{10}(k^2+2k+1)$

$$= \frac{10(10+1)(2\times 10+1)}{6} + 2 \times \frac{10(10+1)}{2} + 10$$
$$= 505$$

(4) $\underbrace{\displaystyle\sum_{\ell=2}^{m}(\ell^2+1) = \sum_{k=1}^{m-1}\{(k+1)^2+1\}}_{(\ell-1=k \text{ とおく})} = \sum_{k=1}^{m-1}(k^2+2k+2)$

$$= \frac{(m-1)m(2m-1)}{6} + 2 \times \frac{(m-1)m}{2} + 2(m-1)$$
$$= \frac{(m-1)(2m^2+5m+12)}{6}$$

(5) $\underbrace{\displaystyle\sum_{k=4}^{12}(k+1)(k+2) = \sum_{k=1}^{9}(k+4)(k+5)}_{(k-3 \to k \text{ とおく})} = \sum_{k=1}^{9}(k^2+9k+20)$

$\qquad\qquad = \dfrac{9(9+1)(2\times 9+1)}{6} + 9\times \dfrac{9(9+1)}{2} + 20\times 9$

$\qquad\qquad = 870$

第14章 微分法

14.1 導関数

関数 $y = f(x)$ に対して，$\Delta y = f(x + \Delta x) - f(x)$ として
$$\lim_{\Delta x \to 0} \frac{\Delta y}{\Delta x} = \lim_{\Delta x \to 0} \frac{f(x + \Delta x) - f(x)}{\Delta x} \tag{14.1}$$
が存在するとき，これを関数 $y = f(x)$ の**導関数**という．ここで，$\lim_{\Delta x \to 0}$（リミットと読む）は，$\Delta x \to 0$（Δx が限りなく 0 に近づくことを意味する）のとき関数（いまは $\Delta y/\Delta x$）がどのような値に近づくかを示す記号である．もし，関数が有限な値に近づくとき，その値を**極限値**という．なお，極限値が有限な値のときを**収束**，∞ や $-\infty$ になるときを**発散**という．

式 (14.1) は簡単のために
$$\frac{dy}{dx}, \quad y', \quad \frac{df(x)}{dx}, \quad f'(x)$$
で表す．これらはすべて同じものであり，独立変数が明らかな場合は，$f'(x)$ を単に f' と表してよい．導関数 dy/dx を読むときは，「/ を無視して $dy\ dx$（ディーワイディーエックス）または dy by dx」という．なお，導関数を求めることを**微分する**という．

導関数は，曲線上の点 $(x_1, f(x_1))$ において $f'(x_1)$ になり，その値は点 $(x_1, f(x_1))$ での曲線に対する**接線の傾き**を与える．そのとき，$f'(x_1)$ を**微分係数**(または**微係数**)という．ここで，$f'(x)$ は関数，$f'(x_1)$ は関数値であることに注意しなければならない．

導関数は関数であるから，さらに微分することができる．$y = f(x)$ に対して1回微分して得られる導関数を **1 次導関数**，さらに微分して得ら

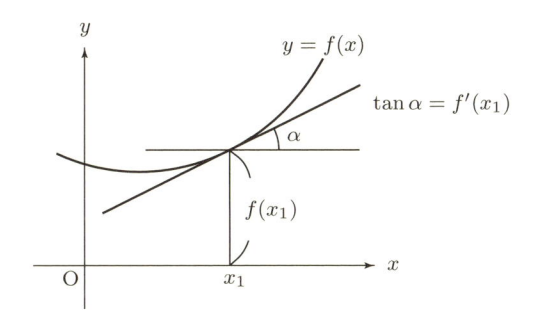

図 14.1

れる導関数を **2 次導関数**といい，以下同様に表現する．関数は 3 次以上を高次関数というが，導関数は 2 次以上を**高次導関数**という．

各次数の導関数を次のように表す．

$$1 次導関数 \cdots\cdots y', \quad f', \quad \frac{dy}{dx}, \quad \frac{df}{dx}$$

$$2 次導関数 \cdots\cdots y'', \quad f'', \quad \frac{d^2 y}{dx^2}, \quad \frac{d^2 f}{dx^2}$$

$$3 次導関数 \cdots\cdots y''', \quad f''', \quad \frac{d^3 y}{dx^3}, \quad \frac{d^3 f}{dx^3}$$

$$4 次導関数 \cdots\cdots y^{(4)}, \quad f^{(4)}, \quad \frac{d^4 y}{dx^4}, \quad \frac{d^4 f}{dx^4}$$

以下同様である．次数が増すと記号 ($'$) の個数が増えて判別しにくくなるので，4 次以上の導関数については $y^{(4)}$ や $f^{(4)}$ のように表す．

14.2 微分公式

14.2.1 微分公式 1

べき関数

$$y = x^n, \quad (ただし，n は自然数)$$

に対して式 (14.1) により導関数を求めると

$$\frac{dx^n}{dx} = (x^n)' = nx^{n-1} \qquad (ただし，n は自然数) \qquad (14.2)$$

となる．べき関数の導関数の次数は，もとの関数より1次低くなる．

特殊な関数として

$$y = 1$$

のグラフは，図 6.2 に示した x 軸に平行で点 $(0,1)$ を通る直線になる．この直線の傾きは 0 である．したがって，

$$(1)' = 0 \qquad (14.3)$$

で，この関数は，$n=0$ の場合として公式 (14.2) に含めることができる．

例題 14.1
公式 (14.2) にしたがって，次を微分せよ．
 (1) x (2) x^2

解 (1) $(x^1)' = 1 \cdot x^{1-1} = x^0 = 1$ (2) $(x^2)' = 2 \cdot x^{2-1} = 2x$

問 14.1 公式 (14.2) にしたがって，次を微分せよ．
 (1) x^3 (2) x^4 (3) x^5 (4) x^6

14.2.2　微分公式 2

指数関数と対数関数，および三角関数の導関数は次のようになる．

$$
\begin{aligned}
(e^x)' &= e^x \\
(\ln|x|)' &= \frac{1}{x} \\
(\sin x)' &= \cos x \\
(\cos x)' &= -\sin x \\
(\tan x)' &= \sec^2 x = \frac{1}{\cos^2 x}
\end{aligned}
\tag{14.4}
$$

自然対数 (底が e) の導関数は，上に示すように簡単になる．そこで，微分法で対数関数といえば自然対数を指し，今後，自然対数を ln でなく log と書く．他方，常用対数 (底が 10) は底を表示して $\log_{10} x$ と表すことにする．なお，真数に絶対値の記号 (|) をつけなければならないが，煩雑になるので省略する．

参考 式 (14.4) の公式を導くためには，次の極限値を利用する．
$$\lim_{x \to 0}(1+x)^{\frac{1}{x}} = e \quad (e \text{ はネピアの定数で 11.2 節参照})$$
$$\lim_{x \to 0}\frac{\sin x}{x} = 1, \quad \lim_{x \to 0}\cos x = 1, \quad \lim_{x \to 0}\sin x = 0$$

注意

これまでの微分公式はすべて変数を x として示し，x で微分することを簡単のために記号 ($'$) で表してある．しかし，微分公式はどの変数でも成り立つ．たとえば，独立変数に t 用いると，x に関する微分公式を

$$(x^2)' = 2x \quad \to \quad (t^2)' = 2t,$$
$$(\sin x)' = \cos x \quad \to \quad (\sin t)' = \cos t,$$

などのように読みかえることができなければならない．このことは，これから示す公式についても同様である．

14.2.3 微分公式3

導関数が必要になるたびに，定義式 (14.1) から導くことは煩雑であり，実用的ではない．そこで，すでに導いてある導関数から他の関数の導関数を導くことができるように，次に示す一般的な微分公式が用意されている．なお，$f(x)$ と $g(x)$ の導関数 $f'(x)$ と $g'(x)$ が存在するものとし，c は定数とする．

$$
\begin{aligned}
&(1) \qquad\qquad\qquad \{cf(x)\}' = cf'(x)\\
&(2) \quad 和の公式： \quad \{f(x) \pm g(x)\}' = f'(x) \pm g'(x)\\
&(3) \quad 積の公式： \quad \{f(x)g(x)\}' = f'(x)g(x) + f(x)g'(x)\\
&(4) \quad 商の公式： \quad \left\{\frac{g(x)}{f(x)}\right\}' = \frac{g'(x)f(x) - g(x)f'(x)}{f^2(x)} \qquad (14.5)
\end{aligned}
$$

特に，$g(x) = 1$ のとき $g'(x) = 0$ になる．したがって

$$
(5) \quad 逆数の公式： \left\{\frac{1}{f(x)}\right\}' = -\frac{f'(x)}{f^2(x)} \quad (\{f(x)\}^2 \text{ を } f^2(x) \text{ で表す})
$$

次に，微分公式 (14.5) を利用した微分計算を示す．

例1 公式 (1)

$f(x) = 1$ のとき $\quad (c \times 1)' = c \times (1)' = c \times 0 = 0$

公式 (14.3) より一般的なものとして

$$
(c)' = 0 \qquad (ただし，c = 定数) \qquad (14.6)
$$

$(4x^3)' = 4(x^3)' = 4 \cdot 3x^2 = 12x^2$

$(5\sin x)' = 5(\sin x)' = 5\cos x$

例2 公式 (2)

$(x^3 + \sin x)' = (x^3)' + (\sin x)' = 3x^2 + \cos x$

$(4x^3 - 5\sin x)' = (4x^3)' - (5\sin x)' \quad$ 公式 (1) を利用する．

$$= 4(x^3)' - 5(\sin x)' = 12x^2 - 5\cos x$$

例 3 公式 (3)
$$(x^3 \sin x)' = (x^3)' \sin x + x^3 (\sin x)' = 3x^2 \sin x + x^3 \cos x$$
$$(e^x \cos x)' = (e^x)' \cos x + e^x (\cos x)' = e^x (\cos x - \sin x)$$

例 4 公式 (4)
$$\left(\frac{\sin x}{x^2 + 1}\right)' = \frac{(\sin x)'(x^2 + 1) - \sin x (x^2 + 1)'}{(x^2 + 1)^2}$$
$$= \frac{(x^2 + 1)\cos x - 2x \sin x}{(x^2 + 1)^2}$$
$$\left(\frac{\sin x}{\cos x}\right)' = \frac{(\sin x)' \cos x - \sin x (\cos x)'}{\cos^2 x}$$
$$= \frac{\cos x \cos x - \sin x (-\sin x)}{\cos^2 x}$$
$$= \frac{\cos^2 x + \sin^2 x}{\cos^2 x} = \frac{1}{\cos^2 x} = \sec^2 x$$

(これは微分公式 (14.4) の $\tan x$ の導関数である)

例 5 公式 (5)
$$\left(\frac{1}{x}\right)' = \frac{-(x)'}{x^2} = -\frac{1}{x^2}$$
$$\left(\frac{1}{x^2}\right)' = \frac{-(x^2)'}{(x^2)^2} = -\frac{2x}{x^4} = -\frac{2}{x^3}$$
$$\left(\frac{1}{x^3}\right)' = \frac{-(x^3)'}{(x^3)^2} = -\frac{3x^2}{x^6} = -\frac{3}{x^4}$$
$$\left(\frac{1}{x^4}\right)' = \frac{-(x^4)'}{(x^4)^2} = -\frac{4x^3}{x^8} = -\frac{4}{x^5}$$

例 5 の結果は, 次の一般的な表現にまとめることができる.
$$\left(\frac{1}{x^n}\right)' = -\frac{n}{x^{n+1}} \quad \longleftrightarrow \quad (x^{-n})' = (-n)x^{(-n)-1}$$

これは, べき関数の微分公式 (14.2) の n に $-n$ を代入したものと一致する. したがって, 式 (14.3) とあわせて, 微分公式 (14.2) は n が整数 (負の整数, 0, 正の整数) に対しても適用できることがわかる.

さらに，式 (14.2) は実数の指数の場合に拡張することができて
$$y = x^r \quad (r \text{ は実数})$$
の導関数は

$$\frac{dx^r}{dx} = (x^r)' = rx^{r-1} \quad (r \text{ は実数}) \tag{14.7}$$

となる (14.3.2 項参照)．

例題 14.2
関数 $\sqrt{x}$ の導関数を求めよ．

解 $\sqrt{x} = x^{\frac{1}{2}}$ であるから，公式 (14.7) に $r = 1/2$ を代入する．
$$(\sqrt{x})' = \frac{1}{2}x^{\frac{1}{2}-1} = \frac{1}{2}x^{-\frac{1}{2}} = \frac{1}{2}\frac{1}{x^{\frac{1}{2}}} = \frac{1}{2\sqrt{x}}$$

問 14.2 次の関数を微分せよ．
(1) $\sqrt[3]{x}$ (2) $\sqrt[4]{x}$ (3) $\sqrt[5]{x}$ (4) $\sqrt[6]{x}$

問 14.3 次の関数を微分せよ．
(1) $x^2 + x^3$ (2) $2x + 4x^3$ (3) x^{-2} (4) $\dfrac{2x-1}{x^2+1}$
(5) $\dfrac{\sqrt{x}+1}{\sqrt{x}-1}$ (6) xe^x (7) $x^2 e^x$ (8) $x \log x$
(9) $x^2 \log x$ (10) $\dfrac{e^x}{x}$ (11) $\dfrac{1}{e^x}$ (12) $x^2 e^{-x}$
(13) $x \cos x$ (14) $\dfrac{x}{\sin x}$ (15) $\sin x \cos x$

14.3 いろいろな微分法

14.3.1 合成関数の微分法

これまでの例や例題のように，簡単な関数の導関数は微分公式 1 から 3 によって導くことができる．しかし
$$y = \sin(x^2 + 1) \quad \text{や} \quad y = \log(x^2 + 1)$$

のように，三角関数や対数関数の変数が多項式になるなど，複雑な式になる場合は別の方法が必要となる．

いま，u が
$$u = g(x) \tag{14.8}$$
のように x の関数で，y が次式のように u の関数とする．
$$y = f(u) \tag{14.9}$$
そのとき，式 (14.8) を式 (14.9) に代入すると
$$y = f\{g(x)\} \tag{14.10}$$
となり，結果として y は x の関数である．この $f\{g(x)\}$ を f と g との**合成関数**という．

式 (14.10) の関数 y の導関数 y' を求める手順は，上に並べた3つの式を逆にたどる．そのとき，3つの式で与えられる関数の導関数，dy/dx と dy/du，du/dx との間には次の関係が成り立つ．

$$\frac{dy}{dx} = \frac{dy}{du}\frac{du}{dx} \tag{14.11}$$

この式に従って導関数を求める方法を，**合成関数の微分法**という．その方法によって，最初に示した三角関数の導関数を求めてみよう．

例1
$$y = \sin(x^2 + 1)$$
$u = x^2 + 1$ とおくと与式は $y = \sin u$ となる．
そのとき $\dfrac{dy}{du} = \cos u$, $\quad \dfrac{du}{dx} = 2x \quad$ より
$$\frac{dy}{dx} = \frac{dy}{du}\frac{du}{dx} = (\cos u)2x = 2x\cos(x^2 + 1)$$

最後の式のように，u は仮においた変数であるから u を含んだままで終わってはいけない．もとの変数 x にもどす．

合成関数の微分法に慣れてくると，変数のおきかえをしないで計算できるようになる．たとえば，例1で $\boxed{x^2+1}$ を1つの文字におきかえたつもりで，y を $\boxed{x^2+1}$ で微分して，次に $\boxed{x^2+1}$ を x で微分したものを掛ける．

次に変数をおきかえないで，先に示した対数関数を例にして合成関数の微分法を示そう．

$\boxed{例2}$

$$y = \log(\boxed{x^2+1})$$

$$\frac{dy}{dx} = \frac{d\log(\boxed{x^2+1})}{dx} \left(= \frac{d\log(\boxed{x^2+1})}{d\boxed{x^2+1}} \frac{d\boxed{x^2+1}}{dx} \right)$$

上の式で ( ) の部分は書かないで頭の中で計算する．

$$= \frac{1}{\boxed{x^2+1}} 2x = \frac{2x}{x^2+1}$$

上式の先頭の部分は $\log \boxed{}$ を $\boxed{}$ で微分して $\dfrac{1}{\boxed{}}$ となる．

$\boxed{}$ の内容が x^2+1 であることを考えなくてよい．

もっと複雑な形の関数に対しては，さらに変数をおきかえて

$$\frac{dy}{dx} = \frac{dy}{du}\frac{du}{dv}\frac{dv}{dx} \tag{14.12}$$

のように合成関数の微分法をくり返す．

微分について

dy/dx は14.1節で導関数の記号として導入した．しかし，式(14.11)や式(14.12)が成り立つことは，dy, dx, du, dv を1つの変数と考えれば理解しやすくなる．すなわち，右辺の分子と分母をそれぞれ約分すれば，左辺の導関数になることが簡単に確かめられる．実際に，dy, dx, du, dv などは**微分**とよばれる変数である．以後，微分 dx や dy を x や y と同じように扱う．

なお，「微分する」と「微分」は意味が違うので注意すること．

例題 14.3
次の関数を合成関数の微分法によって微分せよ．
(1) $y = (x^2 + x)^3$ (2) $y = \sqrt{x^2 - 1}$
(3) $y = \cos(3x + 1)^2$

解 (1) $y' = \{(x^2 + x)^3\}' = 3(x^2 + x)^{3-1}(x^2 + x)'$
$= 3(x^2 + x)^2(2x + 1) = 3(2x + 1)(x^2 + x)^2$
(2) $y' = (\sqrt{x^2 - 1})' = \dfrac{1}{2\sqrt{x^2 - 1}}(x^2 - 1)' = \dfrac{1}{2\sqrt{x^2 - 1}} \cdot 2x$
$= \dfrac{x}{\sqrt{x^2 - 1}}$
(3) $y' = -\sin(3x + 1)^2 \cdot \{(3x + 1)^2\}'$
$= -\sin(3x + 1)^2 \cdot 2(3x + 1)(3x + 1)'$
$= -\sin(3x + 1)^2 \cdot 2(3x + 1) \cdot 3$
$= -6(3x + 1)\sin(3x + 1)^2$

問 14.4 次を合成関数の微分法によって微分せよ．
(1) $(x^3 - 2)^4$ (2) $\dfrac{1}{(x^2 + 1)^2}$ (3) $\sqrt{x + 1}$ (4) $\sqrt{x^2 + 1}$
(5) $\log(e^x + 1)$ (6) $\log(\sqrt{x} + 1)$ (7) $\sin 2x$ (8) $\cos^3 4x$

14.3.2　対数微分法

無理関数の導関数を導くのに便利な微分法として**対数微分法**がある．例として
$$y = \sqrt{x} = x^{\frac{1}{2}} \tag{14.13}$$
の導関数を求めることによって，その方法を説明しよう．まず，式 (14.13) の両辺の対数をとる（いうまでもなく真数 y は正，底は e である）．

$$\log y = \log \sqrt{x} = \log x^{\frac{1}{2}} = \frac{1}{2}\log x \tag{14.14}$$

対数微分法において，左辺 ($\log y$) の導関数を求めることが特に重要である．

$\log y$ は y を独立変数とする対数関数であるから，直接 $\log y$ を微分できる変数は y である．一方，求めなければならないものは dy/dx である．したがって，式 (14.14) の左辺を x で微分することは，前項の合成関数の微分法になる．すなわち，

$$\frac{d\log y}{dx} = \frac{d\log y}{dy}\frac{dy}{dx} = \frac{1}{y}y' \tag{14.15}$$

(分子と分母に y の微分 dy を掛けたと考えればよい．)

準備が終わったので，式 (14.15) を利用して式 (14.14) の両辺を x で微分する．

$$\therefore \quad \frac{1}{y}y' = \frac{1}{2}(\log x)' = \frac{1}{2}\frac{1}{x}$$

y を両辺に掛けて

$$\therefore \quad y' = \frac{y}{2x} = \frac{\sqrt{x}}{2x} = \frac{1}{2\sqrt{x}} = \frac{1}{2}x^{-\frac{1}{2}}$$

これから，対数微分法により無理関数を微分してみよう．

例1

$$y = \sqrt[3]{x} = x^{\frac{1}{3}}$$

$$\log y = \log \sqrt[3]{x} = \log x^{\frac{1}{3}} = \frac{1}{3}\log x$$

$$\therefore \quad \frac{1}{y}y' = \frac{1}{3}(\log x)' = \frac{1}{3}\frac{1}{x}$$

$$\therefore \quad y' = \frac{y}{3x} = \frac{\sqrt[3]{x}}{3x} = \frac{1}{3\sqrt[3]{x^2}} \left(= \frac{1}{3}x^{-\frac{2}{3}}\right)$$

例2

$$y = \sqrt[4]{x} = x^{\frac{1}{4}}$$

$$\log y = \log \sqrt[4]{x} = \log x^{\frac{1}{4}} = \frac{1}{4}\log x$$

$$\therefore \quad \frac{1}{y}y' = \frac{1}{4}(\log x)' = \frac{1}{4}\frac{1}{x}$$

$$\therefore \quad y' = \frac{y}{4x} = \frac{\sqrt[4]{x}}{4x} = \frac{1}{4\sqrt[4]{x^3}} \quad \left(=\frac{1}{4}x^{-\frac{3}{4}}\right)$$

例 1 と例 2 からわかるように

$$(x^{\frac{1}{2}})' = \frac{1}{2}x^{-\frac{1}{2}} = \frac{1}{2}x^{\frac{1}{2}-1}$$

$$(x^{\frac{1}{3}})' = \frac{1}{3}x^{-\frac{2}{3}} = \frac{1}{3}x^{\frac{1}{3}-1}$$

$$(x^{\frac{1}{4}})' = \frac{1}{4}x^{-\frac{3}{4}} = \frac{1}{4}x^{\frac{1}{4}-1}$$

$$\vdots$$

一般的に $(x^{\frac{1}{n}})' = \frac{1}{n}x^{\frac{1}{n}-1}$ 　　（ただし，n は整数）

この式は，べき関数の微分公式 (14.2) で，整数 n を整数の逆数におきかえたものと一致する．

例 3

$$y = x^r \quad (r \text{ は実数})$$

$$\log y = \log x^r = r\log x$$

$$\therefore \quad \frac{1}{y}y' = r(\log x)' = r\frac{1}{x}$$

$$\therefore \quad y' = r\frac{y}{x} = r\frac{x^r}{x} = rx^{r-1}$$

この結果は，式 (14.7) と一致する．

例題 14.4

次の関数を対数微分法によって微分せよ．

(1) $y = (x^2 + x)^3$ 　　(2) $y = \sqrt{x^2 - 1}$

解 (1) $\log y = \log(x^2 + x)^3 = 3\log(x^2 + x)$

$$\therefore \quad \frac{1}{y}y' = 3\frac{1}{x^2+x}(x^2+x)' = 3\frac{2x+1}{x^2+x}$$

$$\therefore \quad y' = y\frac{3(2x+1)}{x^2+x} = 3(2x+1)(x^2+x)^2$$

この結果は，例題 14.3(1) の結果と一致する．

(2) $\log y = \log\sqrt{x^2-1} = \frac{1}{2}\log(x^2-1)$

$$\therefore \quad \frac{1}{y}y' = \frac{1}{2}\frac{1}{x^2-1}(x^2-1)' = \frac{1}{2(x^2-1)}\cdot 2x = \frac{x}{x^2-1}$$

$$\therefore \quad y' = y\frac{x}{x^2-1} = \frac{x\sqrt{x^2-1}}{x^2-1} = \frac{x}{\sqrt{x^2-1}}$$

この結果は，例題 14.3(2) の結果と一致する．

問 14.5 次の関数を対数微分法によって微分せよ．

(1) $y = (x-1)^2(x+1)^3$ (2) $y = \dfrac{(x-1)^2}{(x+1)^3}$ (3) $y = \sqrt{\dfrac{x-1}{x+1}}$

14.3.3 逆関数の微分法

関数

$$y = f(x)$$

の変数を入れかえた

$$x = f(y)$$

を $y = f(x)$ の逆関数という (11.6 節)．そのとき，次の関係が成り立つ．

$$\frac{dy}{dx} = \frac{1}{\dfrac{dx}{dy}} \tag{14.16}$$

この公式によって逆関数の導関数を求める方法を，**逆関数の微分法**という．この微分法は $y = \log x$ の逆関数

$$x = \log y \quad (\text{すなわち } y = e^x)$$

の導関数を求めるときに

$$\frac{dy}{dx} = \frac{1}{\frac{dx}{dy}} = \frac{1}{\frac{1}{y}} = y = e^x$$

のように利用する．この例では，逆関数の微分法の特徴がよくあらわれていない．次の例を示そう．

|例 1| $y = \sin x$ の逆関数 $x = \sin y$ の導関数を求める．

ここで，$dx/dy = \cos y$ であるから

$$\therefore \quad \frac{dy}{dx} = \frac{1}{\frac{dx}{dy}} = \frac{1}{\cos y} = \frac{1}{\pm\sqrt{1-\sin^2 y}}$$

$$= \frac{1}{\pm\sqrt{1-x^2}} \tag{14.17}$$

逆三角関数

関数 $x = \sin y$ を通常の陽関数で表すとき，次の記号を使用して

$$x = \sin y \quad \rightarrow \quad y = \sin^{-1} x$$

「アークサイン x」と読み，正弦関数の逆関数であるこの関数を**逆正弦関数**という．したがって，式 (14.17) は逆正弦関数の導関数を与える．

この関数は 12.3.3 項で説明したように，角度 y が異なっても動径の位置が同じならば x は同じ値になる．すなわち，1 つの独立変数 x に対してたくさんの従属変数 y が対応する．このような関数を**多価関数**という．他方，x と y が 1 対 1 に対応する関数を **1 価関数**という．

逆正弦関数が 1 価関数になるように，定義域を $-\pi/2 \sim \pi/2$ に制限したものを逆正弦関数の**主値**という (図 14.2)．これから示す逆三角関数は，すべて主値とする (関数電卓は主値が表示される)．

そのとき，曲線の傾きは必ず正になるから，式 (14.17) の複号は正だけとなる．すなわち

$$\frac{d(\sin^{-1} x)}{dx} = \frac{1}{\sqrt{1-x^2}} \tag{14.18}$$

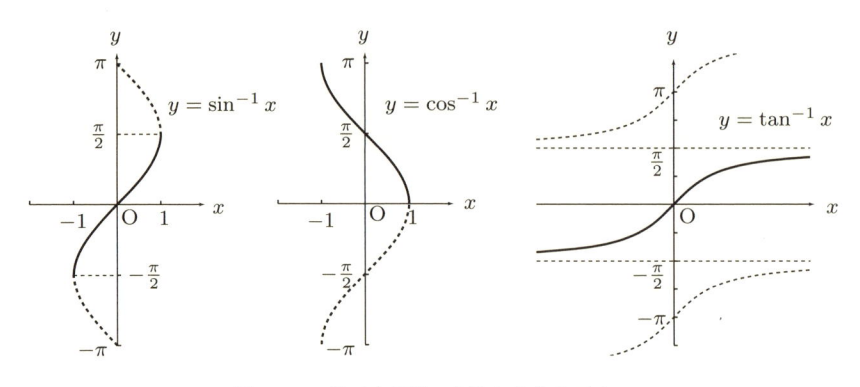

図 14.2 逆三角関数 (実線が主値を示す)

三角関数は正弦関数だけでなく，他にもある (12.2.1 項)．それらすべてに逆関数が定義される．よく使われるものが，逆正弦関数および次に示す逆余弦関数と逆正接関数である (図 14.2)．

例2　逆余弦関数の導関数

$$y = \cos^{-1} x \quad \rightarrow \quad x = \cos y$$

$$\frac{dy}{dx} = \frac{1}{\dfrac{dx}{dy}} = -\frac{1}{\sin y} = -\frac{1}{\sqrt{1-\cos^2 y}} = -\frac{1}{\sqrt{1-x^2}} \quad (14.19)$$

例3　逆正接関数の導関数

$$y = \tan^{-1} x \quad \rightarrow \quad x = \tan y$$

$$\frac{dx}{dy} = \frac{1}{\cos^2 y} = \frac{\cos^2 y + \sin^2 y}{\cos^2 y} = 1 + \tan^2 y = 1 + x^2$$

$$\therefore \quad \frac{dy}{dx} = \frac{1}{\dfrac{dx}{dy}} = \frac{1}{1+x^2} \quad (14.20)$$

例題 14.5

$y = \sqrt[3]{x}$ を逆関数の微分法によって微分せよ．

解　$y = \sqrt[3]{x} \quad \rightarrow \quad x = y^3$ の導関数は $\dfrac{dx}{dy} = 3y^2$

$$\therefore \quad \frac{dy}{dx} = \frac{1}{\dfrac{dx}{dy}} = \frac{1}{3y^2} = \frac{1}{3\sqrt[3]{x^2}}$$

問 14.6 次の関数を逆関数の微分法によって微分せよ．

(1) $y = \sqrt[3]{x-1}$ (2) $y = \sin^{-1} 2x$ (3) $y = \cos^{-1} 2x$

14.3.4 陰関数の微分法

原点に中心をもつ半径 a の円の方程式は

$$x^2 + y^2 = a^2 \tag{14.21}$$

である．一般に円や楕円などの方程式は，陽関数で表すと無理関数になる．そこで式 (14.21) のように累乗根があらわれない陰関数で表示することが多い．陽関数の表現にしないで陰関数から直接，導関数を求める方法を **陰関数の微分法** という．これから，円の方程式を例として，陰関数の微分法により導関数を求める．その方法は，まず式 (14.21) の両辺を x について微分する．

$$(x^2)' + (y^2)' = (a^2)'$$

左辺第 2 項の y^2 は変数 y に関する 2 次関数であるから，$\log y$ の微分と同様に合成関数の微分法によって微分する．すなわち

$$\boxed{(y^2)' = \frac{d(y^2)}{dx} = \frac{d(y^2)}{dy}\frac{dy}{dx} = 2y\frac{dy}{dx} = 2yy' \tag{14.22}}$$

x^2 を x で微分すると $2x$，定数 a^2 を微分すると 0，よって

$$2x + 2yy' = 0 \quad \rightarrow \quad y' = -\frac{x}{y}$$

以上のように，陰関数の微分法では式 (14.22) のように，必ず合成関数の微分法が必要になる．また，最終結果の表示は，x と y の両方があらわれたままにしてある．x にこだわると，導関数は無理式の形になり式が複雑になる．陰関数は独立変数とか従属変数といった考えはなく，最

終結果はどの変数でまとめてもよい.

例題 14.6

陰関数の微分法によって次の関数の導関数 y' を求めよ.

(1) $\dfrac{x^2}{a^2} + \dfrac{y^2}{b^2} = 1$　（楕円の方程式）

(2) $\dfrac{x^2}{a^2} - \dfrac{y^2}{b^2} = 1$　（双曲線の方程式）

解　(1)　両辺を x で微分すると，$\dfrac{2x}{a^2} + \dfrac{2yy'}{b^2} = 0$　より　$y' = -\dfrac{b^2 x}{a^2 y}$

(2)　両辺を x で微分すると，$\dfrac{2x}{a^2} - \dfrac{2yy'}{b^2} = 0$　より　$y' = \dfrac{b^2 x}{a^2 y}$

問 14.7　陰関数の微分法によって次の関数の導関数 y' を求めよ.

(1)　$ax + by + c = 0$　（直線の方程式）　　(2)　$y^2 = x$　（放物線の方程式）

14.3.5　媒介変数関数の微分法

関数を
$$\begin{cases} x = f(t) \\ y = g(t) \end{cases} \tag{14.23}$$

のように，x と y が共通な変数 t (媒介変数という) の関数として与えられるとき，この関数を媒介変数関数という (第 4 章).

共通の媒介変数 t を消去すれば陽関数の形に表現できて，この関数の導関数はこれまで示した微分法によって求めることができる. しかし, 媒介変数が消去できたとしても関数が複雑になる場合と媒介変数が消去できない場合の 2 通りについては, 直接, 媒介変数関数から導関数を導かなければならない. その方法が, これから示す**媒介変数関数の微分法**である.

式 (14.23) の第 1 式と第 2 式をそれぞれ媒介変数 t で微分して

$$\begin{cases} \dfrac{dx}{dt} = f'(t) \\ \dfrac{dy}{dt} = g'(t) \end{cases} \qquad (14.24)$$

ただし，$(')$ は t に関する導関数を意味する．

次に，dy/dx の分子と分母を dt で割った

$$\frac{dy}{dx} = \frac{\dfrac{dy}{dt}}{\dfrac{dx}{dt}}$$

に式 (14.24) を代入して

$$\frac{dy}{dx} = \frac{dy/dt}{dx/dt} = \frac{g'(t)}{f'(t)} \qquad (14.25)$$

この公式に従って微分することを媒介変数関数の微分法という．

例 1　$\begin{cases} x = t+1 \\ y = t^2 \end{cases}$　　($y = (x-1)^2$ の放物線)

$$\frac{dy}{dx} = \frac{y'}{x'} = 2t$$

例 2　$\begin{cases} x = a\cos t \\ y = a\sin t \end{cases}$　　($x^2 + y^2 = a^2$ の原点に中心をもつ半径 a の円)

$$\frac{dy}{dx} = \frac{y'}{x'} = \frac{a\cos t}{-a\sin t} = -\cot t$$

例 3　$\begin{cases} x = a(t - \sin t) \\ y = a(1 - \cos t) \end{cases}$　　(サイクロイド)

$$\frac{dy}{dx} = \frac{y'}{x'} = \frac{a\sin t}{a(1-\cos t)} = \frac{\sin t}{1 - \cos t}$$

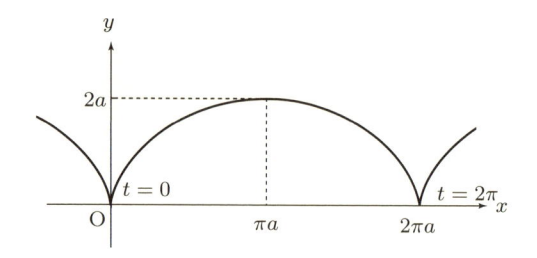

図 14.3 サイクロイド

14.4 微分法の応用

14.4.1 接線の方程式

関数の導関数を導けば，その関数が表す曲線上の任意の点における接線の傾きがわかり，**接線の方程式**を求めることができる．いま，任意の関数を $y = f(x)$ とすればその導関数は $f'(x)$ である．したがって，曲線上の点 $(a, f(a))$ における接線の方程式は

$$y - f(a) = f'(a)(x - a) \tag{14.26}$$

となる．

例題 14.7

$y = x^2 - 4x - 5$ の曲線の (1) $x = 1$, (2) $x = 2$, (3) $x = 3$ における接線の方程式を求めよ．

解 $y' = 2x - 4$ であるから各座標における微分係数は，(1) -2,
(2) 0, (3) 2 となる．したがって，接線の方程式は
(1) $(1, -8)$ で $y - (-8) = -2(x - 1)$ ∴ $y = -2x - 6$
(2) $(2, -9)$ で $y - (-9) = 0$ ∴ $y = -9$
(3) $(3, -8)$ で $y - (-8) = 2(x - 3)$ ∴ $y = 2x - 14$
グラフは図 14.4 参照．

図 14.4

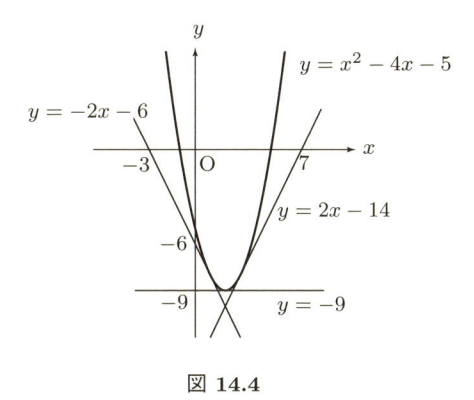

問 14.8 $y = \log x$ の曲線上の点 $(e, 1)$ における接線の方程式を求めよ．

14.4.2 関数の増減

導関数は，曲線の形状を調べるためにも利用できる．図 14.5 に示す曲線は

$$y = x^2$$

の放物線である．図には，$x < 0$, $x = 0$, $x > 0$ における曲線に対する接線も描いている．接線の傾きは向かって左から順に負，0，正である．なお，接線の傾きは，導関数

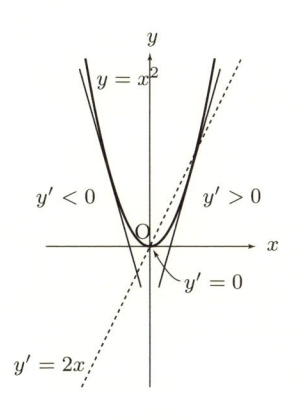

図 14.5

$$y' = 2x$$

から計算できる．導関数のグラフは図 14.5 に点線で示す直線になり，任意の x 座標における導関数の値が接線の傾きを与える．

x 座標が負の領域で $y' < 0$ となり，関数は右下がり (減少) になる．x 座標が正の領域で $y' > 0$ となり，関数は右上がり (増加) になる．

関数の増減： $\begin{cases} y' > 0 \ \rightarrow \ y \text{ は右上がり (増加)} \\ y' < 0 \ \rightarrow \ y \text{ は右下がり (減少)} \end{cases}$

例題 14.8
$y = x^2 - 4x - 5$ の (1) $x = 1$, (2) $x = 3$ における関数の増減を調べよ．

解 $y' = 2x - 4$ であるから各座標における微分係数の符号は，(1) -2 で負，(2) 2 で正 となる．したがって，(1) 減少，(2) 増加 となる．

問 14.9 次の関数の指定する座標における関数の増減を調べよ．
(1) $y = 2x^2 - 6$, $x = -1$ (2) $y = x^3 - 3x^2 + 2$, $x = 3$
(3) $y = \sin x + \cos x$, $x = \dfrac{\pi}{6}$

14.4.3 関数の極値と最大値・最小値

7.9 節と 8.2 節で最大値と最小値および極値について説明した．ここで改めて図 14.6 に示す関数 $y = f(x)$ (定義域：$a \leqq x \leqq b$) の曲線でそれらを確認しておこう．点 A，点 C，点 E の 3 点はそれぞれ山の頂であり，その y 座標が極大値である．点 B と点 D は谷底に相当して，その y 座標が極小値である．

一方，描画領域全体では，点 C より高い位置の点がない．そのような点の y 座標が最大値である．逆に，点 B はもっとも低い点になる．その

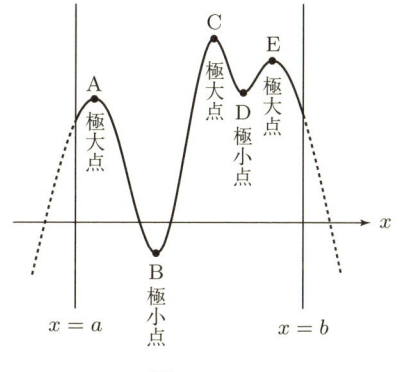

図中のラベル: A 極大点, B 極小点, C 極大点, D 極小点, E 極大点, $x=a$, $x=b$

図 14.6

とき点 B の y 座標が最小値である．

関数によっては，極値や最大値・最小値が存在するとは限らない．しかし，極値の有無や極値の位置を導関数に結びつけることができる．

定義域全体で y' が正になるようであれば，関数はつねに増加して (**単調増加関数**という) 極値は存在しない．逆に，定義域全体で y' が負であれば，関数はつねに減少して (**単調減少関数**という)，やはり極値は存在しない．

しかし，図 14.5 のような定義域で y' の値がつねに存在し，極値 (いまは極小値) をもつ関数であれば，どこかで y' の符号が逆転する．その座標で $y'=0$ となる．すなわち

> y が極値になる点で $y'=0$

になる．しかし

> $y'=0$ で y が必ず極値になるとは限らない

ので注意しなければならない (例題 14.10)．

例題 14.9

$y = x^2 - 4x - 5$ の極値の有無を調べよ．もし，極値が存在するならば極大値か極小値かを答えよ．

解 $y' = 2x - 4$ であるから，$y' = 0$ より $x = 2$ を得る．$x < 2$ で $y' < 0$ より減少，$x > 2$ で $y' > 0$ より増加となる．したがって，$x = 2$ の点は極小値である．

問 14.10 次の関数の極値を調べよ．なお，関数は問 14.9 と同じものである．
 (1) $y = 2x^2 - 6$ (2) $y = x^3 - 3x^2 + 2$
 (3) $y = \sin x + \cos x \quad (0 \leqq x \leqq \pi)$

14.4.4 曲線の凹凸

曲線の凹凸は，図 14.7 に示すように曲線が下に凸か，上に凸かで区別する．曲線の凹凸と関数の増減は，内容としては同じことである．どちらも導関数の符号を調べればよい．図には下に凸と上に凸の場合について，それぞれ y' の大きさと符号が視覚的にとらえられるように接線を引いている．

接線の傾きが負 ($y' < 0$) の場合は，傾斜の急なものが傾斜の緩やかなものより傾きの絶対値は大きいが，傾きそのものの値は小さくなる (例：

下に凸		上に凸	
y' が負	y' が正	y' が正	y' が負
(図)	(図)	(図)	(図)
$y'_1 < y'_2$	$y'_1 < y'_2$	$y'_1 > y'_2$	$y'_1 > y'_2$
$y'' > 0$		$y'' < 0$	

図 **14.7** 曲線の凹凸

−6 が −2 より値が小さい)．すなわち，見た目の傾斜の程度と傾きの大小は必ずしも一致しない．したがって，傾きが負の場合，傾斜の程度と微分係数の値の大小の関係には注意しなければならない．

図 14.7 に示した曲線の凹凸についてまとめると次のようになる．

曲線の凹凸：$\begin{cases} 下に凸は \to\ y' が増加 \\ 上に凸は \to\ y' が減少 \end{cases}$ まとめ (1)

一方，14.4.2 項において，関数 y の増加は $y' > 0$，関数 y の減少は $y' < 0$ と表すことができた．したがって，導関数 y' の増減は，2 次導関数 y'' によって次のように表すことができることになる．

導関数 y' の増減：$\begin{cases} y' が増加 \to\ y'' > 0 \\ y' が減少 \to\ y'' < 0 \end{cases}$ まとめ (2)

まとめ (1) とまとめ (2) は，次のように 1 つにまとめることができる．

曲線の凹凸：$\begin{cases} 下に凸\ \to\ y' が増加\ \to\ y'' > 0 \\ 上に凸\ \to\ y' が減少\ \to\ y'' < 0 \end{cases}$ まとめ (3)

まとめ (3) を利用すると，極値が極大か極小かを判定することができる．極小値は曲線が下に凸で生じ，極大値は曲線が上に凸で生じる．したがって，極値の判定を次のようにまとめることができる．

極値の判定：$\begin{cases} 極小値\ \to\ y' = 0\ かつ\ y'' > 0 \\ 極大値\ \to\ y' = 0\ かつ\ y'' < 0 \end{cases}$ まとめ (4)

最後に，y'' の符号の変わり目について考えよう．まとめ (3) と (4) にあるように，曲線が下に凸 (極小値の付近) は $y'' > 0$，上に凸 (極大値の付近) は $y'' < 0$ である．したがって，極値の近くでは y'' の符号は変わ

らない．しかし，y'' の符号が正から負 (またはその逆) に転じることがある．その点では $y''=0$ になる．その点を境として曲線は下に凸から上に凸 (あるいはその逆) に変化する．そのような点を**変曲点**とよぶ．変曲点は，次により求めることができる．

> 変曲点 $\rightarrow$ $y''=0$

しかし

> $y''=0$ で y が必ず変曲点になるとは限らない (例題 14.10)

ことに注意しなければならない．

例題 14.10
$y=x^3$ と $y=x^4$ の極値および変曲点を調べよ．

解 各関数の y' と y'' をそれぞれ求める．
$$y=x^3 \text{ が } y'=3x^2,\ y''=6x$$
$$y=x^4 \text{ が } y'=4x^3,\ y''=12x^2$$
どちらの関数も $x=0$ で $y'=0$，$y''=0$ となる．図 5.1(第 5 章べき関数) に示したように，$y=x^3$ は $x=0$ で極値にならず変曲点である．$y=x^4$ は $x=0$ で変曲点にならず極小値である．

例題 14.11
$y=x^3-6x^2+9x-5$ の曲線の形状を調べ，グラフを描け．

解 y' と y'' を求める．
$$y'=3x^2-12x+9=3(x^2-4x+3)=3(x-1)(x-3)$$
$$y''=6x-12=6(x-2)$$

$y'=0$ の解として $x=1$ と 3, $y''=0$ の解として $x=2$ を得る．これらの解をもとにして，表 14.1 を作成する．

表 **14.1** 関数の増減表

x	領域 I	1	領域 II	2	領域 III	3	領域 IV
y'	$+$	0	$-$	$-$	$-$	0	$+$
y''	$-$	$-$	$-$	0	$+$	$+$	$+$
y	↷	-1 極大値	↘	-3 変曲点	↘	-5 極小値	↗

表 14.1 中の各関数 (y' と y'') の符号を調べるときは，図 14.8 を使うか，計算しやすい数値 (たとえば領域 I であれば $x=-1$, 領域 II であれば $x=3/2$ など) を y' と y'' の式に代入する．

以上により，極大点の座標は $(1,-1)$, 極小点の座標は $(3,-5)$, 変曲点の座標は $(2,-3)$ となる．また，各領域における曲線は

$y'>0$ は右上がり，　$y'<0$ は右下がり

$y''>0$ は下に凸，　$y''<0$ は上に凸

の要領 (表 14.1 に矢印で示す) で描けばよい．なお，上に凸とか下に凸などの曲がり方を知る必要がないときは，表 14.1 の y'' と変曲点 $x=2$ の欄を省略して，表 14.2 に示す簡単な増減表でよい．その場合の極大値，極小値の判定は，関数の増減によって判断する．グラフは図 14.9 に示す．

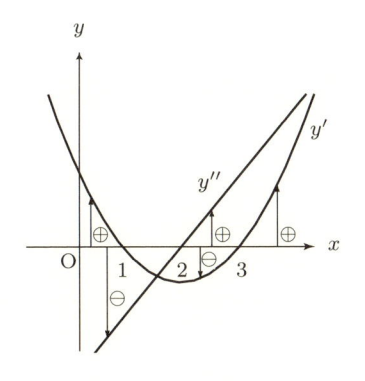

図 **14.8** 各関数の符号

表 14.2 関数の増減表

x		1		3	
y'	+	0	−	0	+
y	↗	−1 極大値	↘	−5 極小値	↗

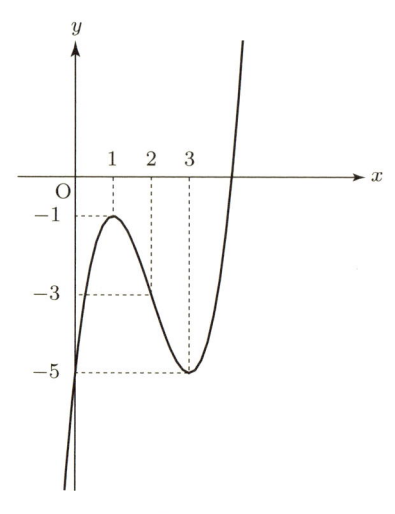

図 14.9

例題 14.12

$y = \dfrac{x}{x^2+1}$ の曲線の形状を調べ，グラフを描け．

解　$x^2+1 > 0$ より値域は実数全体である．

$$y' = -\frac{(x-1)(x+1)}{(x^2+1)^2}$$

$$y'' = \frac{2x(x^2-3)}{(x^2+1)^3} = \frac{2x(x-\sqrt{3})(x+\sqrt{3})}{(x^2+1)^3}$$

$y' = 0$ より $x = \pm 1$，$y'' = 0$ より $x = 0$ と $\pm\sqrt{3}$ を得る．増減表は表 14.3 になる．

表 14.3　関数の増減表

x		$-\sqrt{3}$		-1		0		1		$\sqrt{3}$	
y'	$-$	$-$	$-$	0	$+$	$+$	$+$	0	$-$	$-$	$-$
y''	$-$	0	$+$	$+$	$+$	0	$-$	$-$	$-$	0	$+$
y	↘	$-\sqrt{3}/4$ 変曲点	↘	$-1/2$ 極小値	↗	0 変曲点	↗	$1/2$ 極大値	↘	$\sqrt{3}/4$ 変曲点	↘

以上により，極大点の座標は $(1, 1/2)$，極小点の座標は $(-1, -1/2)$，変曲点の座標は $(-\sqrt{3}, -\sqrt{3}/4)$, $(0, 0)$, $(\sqrt{3}, \sqrt{3}/4)$ になる．グラフは図 14.10 に示すようになる．

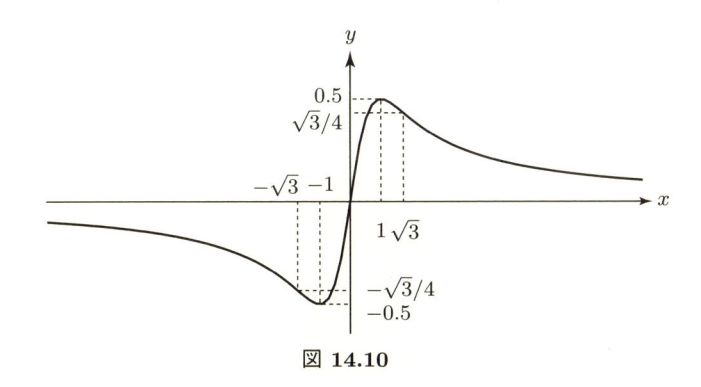

図 14.10

問 14.11　次の関数の曲線の形状を調べ，グラフを描け．なお，関数は問 14.9, 問 14.10 と同じものである．

(1)　$y = 2x^2 - 6$　　(2)　$y = x^3 - 3x^2 + 2$

(3)　$y = \sin x + \cos x \quad (0 \leqq x \leqq \pi)$

第15章 不定積分

15.1 不定積分の定義

これまでは任意の関数を微分して，その導関数を求めてきた．しかし，これからは関数 $f(x)$ を与えて，それを導関数とする関数 y をさがすという逆のことを考えることにしよう．実際に，自然界の具体的な問題を解明しようとするときに，この作業が必要になることが多い．

両者の関係は，次のようにおくことができる．

$$\frac{dy}{dx} = f(x) \tag{15.1}$$

上式の意味を具体的な問題で考えることにしよう．たとえば，$f(x) = 2x$ とすると，式 (15.1) は次のようになる．

$$\frac{dy}{dx} = 2x \tag{15.2}$$

導関数が $2x$ となるもとの関数 y を見つけることは容易である．微分法によれば，導関数がべき関数になるもとの関数はべき関数であり，しかも導関数の次数に比べて 1 次だけ高くなる (14.2.1 項)．

もとの関数は

$$y = x^2 \tag{15.3}$$

である．しかし，導関数が $2x$ になる関数は x^2 だけではない．たとえば

$$y = x^2 + 5, \qquad y = x^2 - 0.3, \cdots \tag{15.4}$$

などの導関数は，すべて $2x$ になる．したがって，式 (15.2) を満たす関数は無数にある．しかし，無秩序に無数の関数があるというわけではなく，$y = x^2$ と定数分だけ異なるものである．いま，定数を C とおくとも

との関数 y は
$$y = x^2 + C \tag{15.5}$$
で与えられる．

以上のようにして，任意の関数 $f(x)$ を導関数と考えると，微分する前のもとの関数 y を求めることができ，そのとき得られるもとの関数には必ず任意定数 C が含まれる．

導関数 $f(x)$ ともとの関数 y との関係式 (15.1) は，記号 ($\int$) を用いて次のように表す．

$$\frac{dy}{dx} = f(x) \quad \longleftrightarrow \quad y = \int f(x)dx \tag{15.6}$$

そのとき，y を $f(x)$ の**不定積分**(または**原始関数**)，$f(x)$ を**被積分関数**という．不定積分 $\int f(x)dx$ を読むときは，「インテグラル (integral：積分の意味)$f(x)\ dx$」という．不定積分に含まれる任意定数 C を**積分定数**とよぶ．関数 $f(x)$ の不定積分を求める作業を，被積分関数 $f(x)$ を**積分する**という．なお，不定積分は次のような場合には略記する．

$$\int 1 dx \ \text{を} \ \int dx, \quad \int \frac{1}{f(x)} dx \ \text{を} \ \int \frac{dx}{f(x)}$$

例題 15.1
次の不定積分を求めよ．
(1) $\displaystyle\int \sin x\, dx$ (2) $\displaystyle\int x^2 dx$

解 (1) 微分して $\sin x$ になる関数は $-\cos x$ である． $\therefore \ -\cos x + C$

(2) 微分して x^2 になる関数は $\frac{1}{3}x^3$ である． $\therefore \ \frac{1}{3}x^3 + C$

例題 15.2

次の関数を積分せよ．

(1) $\cos x$ (2) $\sec^2 x$

解 例題 15.1 と同様にする． (1) $\sin x + C$ (2) $\tan x + C$

(注意) 例題 15.1 と 15.2 の設問は異なるが，意味する内容は同じである．

問 15.1 次の関数を積分せよ．

(1) $3x^2$ (2) $\dfrac{1}{x}$ (3) e^x (4) $\cos 2x$ (5) $\sin 2x$

15.2 積分公式

15.2.1 積分公式 1

被積分関数とその不定積分の関係は，積分定数を除けば関数とその導関数の関係と同じである (式 (15.6))．したがって，前章で導いた微分公式を次の積分公式におきかえることができる．

$$
\begin{aligned}
&\left(\frac{1}{r+1}x^{r+1}\right)' = x^r &\longleftrightarrow&\quad \int x^r dx = \frac{1}{r+1}x^{r+1} + C \\
&&& \qquad\qquad (r \neq -1) \\
&(e^x)' = e^x &\longleftrightarrow&\quad \int e^x dx = e^x + C \\
&(\log |x|)' = \frac{1}{x} &\longleftrightarrow&\quad \int \frac{1}{x} dx = \log |x| + C \\
&(\sin x)' = \cos x &\longleftrightarrow&\quad \int \cos x\, dx = \sin x + C \\
&(\cos x)' = -\sin x &\longleftrightarrow&\quad \int (-\sin x) dx = \cos x + C \\
&(\tan x)' = \sec^2 x &\longleftrightarrow&\quad \int \sec^2 x\, dx = \tan x + C
\end{aligned}
$$

(15.7)

> **注意**
> 公式で使用する変数については，14.2.2 項の微分公式の注意と同様である．これから示すものも含めてすべての積分公式は，次の例のように任意の変数 (x と異なる文字) に対して成り立つ．
> $$\int e^x dx = e^x + C \quad \to \quad \int e^p dp = e^p + C$$

なお，対数関数の真数につける絶対値記号 (|) は，前章と同様に以後は省略する．さらに，式が煩雑になるので積分定数も省略するが，必ず積分定数をともなっていることに注意すること．

例題 15.3
公式にしたがって次を積分せよ．
(1) 1　　(2) x　　(3) x^2　　(4) x^3　　(5) x^4
(6) $\sqrt{x}$　　(7) $\sqrt[3]{x}$　　(8) $\sqrt[4]{x}$　　(9) $\sqrt[5]{x}$

解 積分定数は省略する．

(1) $\displaystyle\int 1 dx = \int x^0 dx = \frac{1}{0+1} x^{0+1} = x$

(2) $\displaystyle\int x dx = \frac{1}{1+1} x^{1+1} = \frac{1}{2} x^2$　　(3) $\displaystyle\int x^2 dx = \frac{1}{2+1} x^{2+1} = \frac{1}{3} x^3$

(4) $\displaystyle\int x^3 dx = \frac{1}{3+1} x^{3+1} = \frac{1}{4} x^4$　　(5) $\displaystyle\int x^4 dx = \frac{1}{4+1} x^{4+1} = \frac{1}{5} x^5$

(6) $\displaystyle\int \sqrt{x} dx = \int x^{\frac{1}{2}} dx = \frac{1}{\frac{1}{2}+1} x^{\frac{1}{2}+1} = \frac{2}{3} x^{\frac{3}{2}} = \frac{2}{3} \sqrt{x^3}$

(7) $\displaystyle\int \sqrt[3]{x} dx = \int x^{\frac{1}{3}} dx = \frac{1}{\frac{1}{3}+1} x^{\frac{1}{3}+1} = \frac{3}{4} x^{\frac{4}{3}} = \frac{3}{4} \sqrt[3]{x^4}$

(8) $\displaystyle\int \sqrt[4]{x} dx = \int x^{\frac{1}{4}} dx = \frac{1}{\frac{1}{4}+1} x^{\frac{1}{4}+1} = \frac{4}{5} x^{\frac{5}{4}} = \frac{4}{5} \sqrt[4]{x^5}$

(9) $\displaystyle\int \sqrt[5]{x} dx = \int x^{\frac{1}{5}} dx = \frac{1}{\frac{1}{5}+1} x^{\frac{1}{5}+1} = \frac{5}{6} x^{\frac{6}{5}} = \frac{5}{6} \sqrt[5]{x^6}$

(注意) (1) から (7) までは，式を見たときすぐに不定積分がわかる必要がある．不定積分の係数と底 x の指数を掛けると 1 になることに注目すればよい $\left(\text{最後の例}: \dfrac{5}{6} \times \dfrac{6}{5} = 1\right)$．

問 15.2 積分公式 (15.7) により次の関数を積分せよ．

(1) e^t (2) $\dfrac{1}{t}$ (3) $\cos u$ (4) $-\sin v$ (5) $\sec^2 w$

15.2.2 積分公式 2

関数 $f(x)$ の不定積分を改めて $F(x)$ とおくと，式 (15.6) から次式が成り立つ．

$$\frac{dF(x)}{dx} = F'(x) = f(x) \quad \longleftrightarrow \quad F(x) = \int f(x)dx \quad (15.8)$$

第 1 式に不定積分 $F(x) = \int f(x)dx$，第 2 式に $f(x) = F'(x)$ を代入して左辺と右辺を入れかえると，次の関係式を得る．なお，第 2 式は $F(x)$ を改めて $f(x)$ におきかえている．

$$\frac{d\left\{\int f(x)dx\right\}}{dx} = f(x) \qquad (15.9)$$
$$\int f'(x)dx = f(x)$$

式 (15.9) は不定積分と導関数の関係を表す重要な式であり，第 2 式の $f(x)$ に定数が含まれるとき，その定数はもとにもどらないが，そのことを除けば次のように表現できる．

$\begin{cases} \text{不定積分の導関数はもとの被積分関数に等しくなる．} \\ \text{導関数の不定積分は微分する前の関数に等しくなる．} \end{cases}$

次に，基本的な積分公式を示しておく．

(1) c を定数として，微分公式 (14.5) の第 1 式より
$$\{cF(x)\}' = cF'(x) = cf(x)$$
両辺を x について積分すると
$$\text{左辺の不定積分} = \int \{cF(x)\}' dx = cF(x) = c\int f(x)dx$$
$$\text{右辺の不定積分} = \int cf(x)dx$$
となり，左辺と右辺を入れかえて

$$\int cf(x)dx = c\int f(x)dx \qquad (15.10)$$

が成り立つ．すなわち，定数は積分記号の前に出すことができる．

(2) 不定積分 $F(x)$ のほかに $g(x)$ の不定積分を
$$\frac{dG(x)}{dx} = G'(x) = g(x) \quad \longleftrightarrow \quad G(x) = \int g(x)dx$$
とおくと
$$\{F(x) \pm G(x)\}' = F'(x) \pm G'(x) = f(x) \pm g(x)$$
より左辺と右辺を入れかえて

$$\int \{f(x) \pm g(x)\} dx = \int f(x)dx \pm \int g(x)dx \qquad (15.11)$$

すなわち，関数の和 (または差) の不定積分は，各関数の不定積分の和 (または差) となる．

例題 15.4
次の不定積分を求めよ．
(1) $\displaystyle\int 3x\,dx$ (2) $\displaystyle\int (2x^2 - x + 3)dx$ (3) $\displaystyle\int 3\sec^2 x\,dx$

解 (1) $\int 3x\,dx = 3\int x^1 dx = 3\dfrac{1}{1+1}x^{1+1} = \dfrac{3}{2}x^2$

(2) $\int (2x^2 - x + 3)dx = \int 2x^2 dx + \int (-x)dx + \int 3dx$

$\qquad = 2\int x^2 dx - \int x\,dx + 3\int dx$

$\qquad = 2\times \dfrac{1}{3}x^3 - \dfrac{1}{2}x^2 + 3x = \dfrac{2}{3}x^3 - \dfrac{1}{2}x^2 + 3x$

(3) $\int 3\sec^2 x\,dx = 3\int \sec^2 x\,dx = 3\tan x$

問 15.3 次を積分せよ．

(1) $6x^2$ (2) $(x-1)(x+1)$ (3) $\dfrac{2}{x}$ (4) $\sqrt[3]{x^2}$

(5) $x + 2\sqrt{x}$ (6) $2x + \sin x$ (7) $\sec^2 x + \dfrac{1}{x}$ (8) $1 - e^x$

15.3 いろいろな積分法

15.3.1 置換積分法

複雑な関数を微分するとき合成関数の微分法があったように，積分法においてもこれまで示した簡単な関数の積分公式から複雑な関数の不定積分を導く方法がある．その方法を示そう．

いま，$f(x)$ の不定積分を $F(x)$ とする．

$$F(x) = \int f(x)dx \quad \longleftrightarrow \quad \dfrac{dF}{dx} = f(x) \qquad (1)$$

もし，$f(x)$ が $f(x) = \sqrt{x^3+1}$, $f(x) = \sin(x^2+1)$ などのように，x に関して複雑な関数の場合，x^3+1 や x^2+1 をそっくり別な変数におきかえる．すなわち

$$t = g(x), \quad \text{または逆に} \quad x = u(t) \qquad (2)$$

と変数変換すると，$F(x)$ は

$$F(x) = F\{u(t)\} \qquad (3)$$

のように合成関数の表現に書きかえられる．ここで，$F\{u(t)\}$ を t で微

分して
$$\frac{dF\{u(t)\}}{dt} = \frac{dF(u)}{du}\frac{du}{dt} = f(u)\frac{du}{dt} \tag{4}$$
の両辺を t で積分する.
$$\int \frac{dF\{u(t)\}}{dt} dt = \int f(u)\frac{du}{dt} dt$$
左辺は積分公式 (15.9) の第 2 式により $F\{u(t)\}$ に等しい.
$$\therefore \quad F\{u(t)\} = \int f(u)\frac{du}{dt} dt$$
さらに,左辺は,(1) により $f(x)$ の不定積分に等しいことから

$$\int f(x)dx = \int f(u)\frac{du}{dt} dt \tag{15.12}$$

を得る.この公式による積分を**置換積分法**という.

置換積分法によって積分するとき,変数変換にともなって必ず微分 (14.3.1 項) のおきかえが必要になる.置換積分法による計算に入る前に改めて微分について説明しておく.

(1) 増分と微分

式 (15.12) の右辺から左辺を見ると,右辺の被積分関数の du/dt に dt を掛けて
$$\frac{du}{dt} \times dt = du \tag{15.13}$$
のように分子と分母の dt が約分された形になっている (ただし,不定積分において $\int f(x)dx$ と $\int f(u)du$ は同じものであることに注意すること).

dx, dy など変数 x や y に d をつけたものは $\boldsymbol{x}$ **の微分**や $\boldsymbol{y}$ **の微分**とよばれ,式 (15.13) のように単独の変数として扱うことができる.

図 15.1 に示す Δx と Δy は,$\boldsymbol{x}$ **の増分**および $\boldsymbol{y}$ **の増分**とよばれる.
$$\begin{cases} \Delta x = \text{点 B の } x \text{ 座標} - \text{点 A の } x \text{ 座標} = (x + \Delta x) - x \\ \Delta y = \text{点 B の } y \text{ 座標} - \text{点 A の } y \text{ 座標} = f(x + \Delta x) - f(x) \end{cases}$$

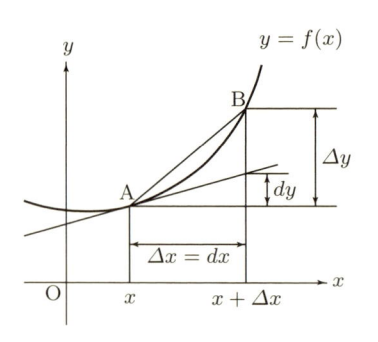

図 15.1　増分と微分

y の微分 dy は，点 A で曲線に対する接線を引いて，その接線が図では点 B の真下 (曲線によっては真上の場合がある) にきたときの y の変化量として定義される．接線の傾きが $f'(x)$ であるから

$$dy = f'(x)\Delta x$$

y の増分 Δy は曲線に沿って選んだ 2 点間の y の変化量，dy は接線に沿って選んだ 2 点間の y の変化量を表す．一方，図 15.1 からわかるように Δy や dy の変化が生じる間の x 座標の変化量は，いずれも Δx に等しい．Δy に対しては Δx としてあるから，dy に対しても dx と書くことにする．

したがって，dx と Δx は同じものである．

$$dx = \Delta x \tag{15.14}$$

そうすると，改めて dy を次のように表すことができる．

$$dy = f'(x)dx \tag{15.15}$$

この両辺を x の微分 dx で割ると

$$\frac{dy}{dx} = f'(x) \tag{15.16}$$

$f'(x)$ は，2 つの微分 dy と dx の商に等しくなる．したがって，dy/dx を別名，**微分商**(微分どうしの商という意味) ともいう．

15.3 いろいろな積分法

例題 15.5

次の関数で y の微分を求めよ．

(1) $y = x + 1$ (2) $y = x^2 + 1$ (3) $y = \sin x$
(4) $y = (x^2 + 1)^3$ (5) $y = \log x + 1$ (6) $y = e^x$

解 まず y を微分して y' を求め，その y' に dx をかけて y の微分 dy を求める．

(1) $y' = 1$ により $dy = dx$ (2) $y' = 2x$ により $dy = 2xdx$
(3) $y' = \cos x$ により $dy = \cos x dx$
(4) $y' = 6x(x^2+1)^2$ により $dy = 6x(x^2+1)^2 dx$
(5) $y' = 1/x$ により $dy = dx/x$ (6) $y' = e^x$ により $dy = e^x dx$

(2) 置換積分法による積分例

置換積分法を具体例によって示そう．

例 1

$$\int (x+1)^2 dx$$

まず，被積分関数の複雑な部分を他の変数におきかえる．
いまは，$u = x+1$ とおくと式 (15.15) により $du = dx$

$$\therefore 与式 = \int u^2 du = \frac{1}{3}u^3 = \frac{1}{3}(x+1)^3$$

変数は，もとの x にもどさなければならない．なお，積分法に慣れてくると，この程度の不定積分は変数をおきかえなくても求めることができるようになる．

例 2 例 1 の別解

こんどは，$u = (x+1)^2$ とおくと $du = 2(x+1)dx$

$$dx = \frac{du}{2(x+1)} = \frac{du}{2\sqrt{u}}$$

$$\therefore 与式 = \int u \frac{du}{2\sqrt{u}}$$

$$= \frac{1}{2}\int \sqrt{u}\,du = \frac{1}{2}\frac{2}{3}u^{\frac{3}{2}} = \frac{1}{3}u^{\frac{3}{2}} = \frac{1}{3}(x+1)^3$$

(注意) 同じ問題でも，おきかえる変数の違いによって計算のむずかしさが異なってくる．

例題 15.6
置換積分によって次の関数を積分せよ．
(1) $\sqrt{x+1}$ (2) $\cos 2x$ (3) $\cos^3 x$ (4) $\dfrac{x}{x+1}$

解 (1) $\sqrt{x+1} = t$ とおくと $x = t^2 - 1$ より $dx = 2t\,dt$
$$\int \sqrt{x+1}\,dx = \int t \cdot 2t\,dt = 2\int t^2\,dt = \frac{2}{3}t^3 = \frac{2}{3}\sqrt{(x+1)^3}$$

(2) $2x = t$ とおくと $dt = 2dx$ より $dx = dt/2$
$$\int \cos 2x\,dx = \int \cos t\,\frac{dt}{2} = \frac{1}{2}\int \cos t\,dt = \frac{1}{2}\sin t = \frac{1}{2}\sin 2x$$

(3) $\sin x = t$ とおくと $dt = \cos x\,dx$，さらに $\cos^2 x = 1 - \sin^2 x = 1 - t^2$
$$\int \cos^3 x\,dx = \int \cos^2 x \cdot \cos x\,dx = \int (1 - t^2)\,dt = t - \frac{1}{3}t^3$$
$$= \sin x - \frac{1}{3}\sin^3 x$$

(4) $x + 1 = t$ とおくと $dx = dt$，さらに $x = t - 1$
$$\int \frac{x}{x+1}\,dx = \int \frac{t-1}{t}\,dt = \int \left(1 - \frac{1}{t}\right)dt = t - \log t + C_1$$
$$= x + 1 - \log(x+1) + C_1$$
$$= x - \log(x+1) + C$$

任意定数 C_1 と C の関係は，$C = C_1 + 1$ である．
$$\therefore \int \frac{x}{x+1}\,dx = x - \log(x+1)$$

問 15.4 置換積分によって次を積分せよ．ただし，a は定数である．
(1) $\dfrac{1}{(1-x)^2}$ (2) $\dfrac{1}{(x-1)^2}$ (3) $\sqrt{2x-1}$
(4) $\dfrac{1}{\sqrt{2x-1}}$ (5) $\dfrac{x}{\sqrt{x^2+a^2}}$ (6) $\dfrac{x}{\sqrt{a^2-x^2}}$

(7) $\dfrac{1}{\sqrt{a^2-x^2}}$　　(8) $\sin^2 x \cos x$　　(9) $\dfrac{1}{x\log x}$

15.3.2　対数微分法を利用した積分法

(1)　対数積分公式

対数微分法の基本となる関係式 (14.15)
$$\frac{d\log f(x)}{dx} = \frac{f'(x)}{f(x)} \tag{15.17}$$
の両辺を x で積分すると次の**対数積分公式**を得る．

$$\int \frac{f'(x)}{f(x)} dx = \log f(x) \tag{15.18}$$

例1
$$\int \frac{x}{x^2+1} dx$$
与式 $= \dfrac{1}{2}\int \dfrac{2x}{x^2+1} dx = \dfrac{1}{2}\int \dfrac{(x^2+1)'}{x^2+1} dx = \dfrac{1}{2}\log(x^2+1)$

例2
$$\int \tan x\, dx$$
与式 $= \int \dfrac{\sin x}{\cos x} dx = -\int \dfrac{(\cos x)'}{\cos x} dx = -\log \cos x$

例題 15.7

次の関数を積分せよ．

(1) $\dfrac{1}{x+1}$　　(2) $\dfrac{2}{x^2-1}$　　(3) $\dfrac{1}{x\log x}$

解　(1) $\displaystyle\int \frac{1}{x+1} dx = \int \frac{(x+1)'}{x+1} dx = \log(x+1)$

(2) $\dfrac{2}{x^2-1} = \dfrac{2}{(x-1)(x+1)} = \dfrac{1}{x-1} - \dfrac{1}{x+1}$　と変形する

この変形を部分分数に分解するという．

$$\int \frac{2}{x^2-1}dx = \int \left(\frac{1}{x-1} - \frac{1}{x+1}\right)dx$$
$$= \log(x-1) - \log(x+1) = \log\frac{x-1}{x+1}$$

(3) $\quad \displaystyle\int \frac{1}{x\log x}dx = \int \frac{\frac{1}{x}}{\log x}dx = \int \frac{(\log x)'}{\log x}dx = \log(\log x)$

(2) 部分分数に分ける

被積分関数が分数式の不定積分は，対数積分公式 (15.18) を利用することが多い．その際，例題 15.7 の (2) のように部分分数に分解する計算が必要になる．ここで，部分分数分解について，具体例で説明しておく．

部分分数に分解する計算は

$$\frac{2}{x^2-1} = \frac{2}{(x-1)(x+1)} = \frac{A}{x-1} + \frac{B}{x+1} \qquad (15.19)$$

のように，まず分母を因数分解することから始める．次に，各因数を分母にもつ分数式に分解する．そのとき，分子は未定係数とする．最後に，式 (15.19) が恒等式 (6.3 節) になるように未定係数 A と B を決定する．その方法にはいろいろあるが，ここではその一部を紹介する．

ケース 1　分母が完全に 1 次の因数に分解できる分数式の場合

式 (15.19) を例とする．

[手順 1]　分子が A の項の分母 $(x-1)$ を両辺にかける．

$$\frac{2}{x+1} = A + \frac{B}{x+1} \times (x-1) \qquad (15.20)$$

[手順 2]　式 (15.20) の両辺に $x=1$ を代入する．そのとき，右辺第 2 項は $(x-1)$ が 0 になるために，右辺は係数 A だけになる．

$$\frac{2}{1+1} = A \quad \therefore \quad A = 1 \qquad (15.21)$$

[手順 3]　係数 B も，その分母の因数を式 (15.19) の両辺にかけて，その因数を 0 にする値を x に代入する．結果として，$B = -1$ を得る．

[まとめ]　式 (15.20) のように係数 A を求めるために必要なものは，式 (15.19) の左辺から因数 $(x-1)$ を除いた項だけである．したがって，

わざわざ式 (15.20) を書かずに式 (15.19) の左辺の因数 $(x-1)$ を隠して (ないものとして)

$$\frac{2}{\boxed{(x-1)}(x+1)} \quad \longleftrightarrow \quad \text{すなわち,} \quad \frac{2}{x+1} \quad \text{だけに注目する}$$

の x に 1 を代入して,式 (15.21) のように $A=1$ を得る.

分母が $(x+1)$ の分子 B も同様にして

$$\frac{2}{(x-1)\boxed{(x+1)}} \quad \longleftrightarrow \quad \text{すなわち,} \quad \frac{2}{x-1} \quad \text{だけに注目する}$$

の x に -1 を代入して,$B=-1$ を得る.

以上の方法は,分母が 3 次の分数式にも適用できる.たとえば,

$$\frac{2}{(x-1)(x-2)(x-3)} = \frac{A}{x-1} + \frac{B}{x-2} + \frac{C}{x-3} \quad (15.22)$$

の係数 A を求めるときは,式 (15.22) の左辺の分母の因数 $(x-1)$ を無視して

$$A = \left.\frac{2}{(x-2)(x-3)}\right|_{x=1} = \frac{2}{(1-2)(1-3)} = 1$$

のようにする.係数 B と C も同様にして求めることができる.

ケース 2 分母が $(x-a)(x^2+bx+c)$ の分数式の場合

$$\frac{5}{(x-1)(x^2+2x+2)}$$

を例として説明しよう.この場合は,次のように分解する.

$$\frac{5}{(x-1)(x^2+2x+2)} = \frac{A}{x-1} + \frac{Bx+C}{x^2+2x+2} \quad (15.23)$$

なお,部分分数分解において,原則として分子は次のようにおく.

$$\boxed{\text{分子は分母の次数より 1 次だけ低い式にする}}$$

ケース 1 では,部分分数分解したときの分母がすべて 1 次式なので,それより 1 次低い定数とした.

もとにもどって,式 (15.23) の係数 A はケース 1 の方法で計算で

きる．
$$A = \left.\frac{5}{x^2+2x+2}\right|_{x=1} = 1$$

係数 B と C は，恒等式の考え方で求める．すなわち，分母を 0 にする値を除いて x に計算しやすいものを代入して，式を 2 つ導き，それを解いて係数 B と C を求める．例を示そう．

$x = 0$ を代入して $-\dfrac{5}{2} = -1 + \dfrac{C}{2}$ より $C = -3$

$x = 2$ を代入して $\dfrac{5}{10} = 1 + \dfrac{2B+C}{10}$ と $C = -3$ より $B = -1$

$$\therefore \quad \frac{5}{(x-1)(x^2+2x+2)} = \frac{1}{x-1} + \frac{-x-3}{x^2+2x+2}$$

ケース 3 分母が $(x-a)(x-b)^2$ の場合

$$\frac{1}{(x-1)(x-2)^2}$$

を例として説明しよう．この場合は

$$\frac{1}{(x-1)(x-2)^2} = \frac{A}{x-1} + \frac{Bx+C}{(x-2)^2}$$

と分解すればよい．しかし，いまは不定積分を求めるための部分分数分解であるから

$$\frac{1}{(x-1)(x-2)^2} = \frac{A}{x-1} + \frac{B(x-2) - 2B + C}{(x-2)^2}$$
$$= \frac{A}{x-1} + \frac{B}{x-2} + \frac{C'}{(x-2)^2}$$
(ただし，$C' = -2B + C$)

のように変形する．したがって，部分分数は次のように分解すればよい．

$$\frac{1}{(x-1)(x-2)^2} = \frac{A}{x-1} + \frac{B}{x-2} + \frac{C}{(x-2)^2}$$

$$\therefore \quad A = \left.\frac{1}{(x-2)^2}\right|_{x=1} = 1$$

$$C = \left.\frac{1}{x-1}\right|_{x=2} = 1 \quad (\text{両辺に } (x-2)^2 \text{ を掛ける})$$

最後に B を求めるためには，$x = 0$ を代入して

$$\frac{1}{(-1)(-2)^2} = -A + \frac{B}{-2} + \frac{C}{(-2)^2} \quad \text{より} \quad B = -1$$

$$\therefore \quad \frac{1}{(x-1)(x-2)^2} = \frac{1}{x-1} + \frac{-1}{x-2} + \frac{1}{(x-2)^2}$$

例題 15.8
式 (15.22) の部分分数の係数を求めよ．

解
$$A = \left.\frac{2}{(x-2)(x-3)}\right|_{x=1} = \frac{2}{(1-2)(1-3)} = 1$$

$$B = \left.\frac{2}{(x-1)(x-3)}\right|_{x=2} = \frac{2}{(2-1)(2-3)} = -2$$

$$C = \left.\frac{2}{(x-1)(x-2)}\right|_{x=3} = \frac{2}{(3-1)(3-2)} = 1$$

例題 15.9
次の分数式を部分分数に分解せよ．
 (1) $\dfrac{x^2}{(x-1)^3}$ (2) $\dfrac{1}{(x-1)^2(x-2)^3}$

解 (1) $\dfrac{x^2}{(x-1)^3} = \dfrac{A}{x-1} + \dfrac{B}{(x-1)^2} + \dfrac{C}{(x-1)^3}$

係数 C は，ケース 3 の C と同じ方法 (両辺に $(x-1)^3$ を掛けて $x = 1$ を代入する) により $C = 1$ を得る．係数 A と B は x に適当な値 (0 とか 2) を代入して導いた式を連立させて求める．

$x = 0$ を代入して　　$0 = -A + B - 1$

$x = 2$ を代入して　　$4 = A + B + 1$

これを解いて，$A = 1$, $B = 2$ を得る．

$$\therefore \quad \frac{x^2}{(x-1)^3} = \frac{1}{x-1} + \frac{2}{(x-1)^2} + \frac{1}{(x-1)^3}$$

別解 分母の因数にあわせて，約分できるように分子を変形する．
$$\frac{x^2}{(x-1)^3} = \frac{(x-1)^2 + 2(x-1) + 1}{(x-1)^3}$$
$$= \frac{1}{x-1} + \frac{2}{(x-1)^2} + \frac{1}{(x-1)^3}$$

(2) $\dfrac{1}{(x-1)^2(x-2)^3} = \dfrac{A}{x-1} + \dfrac{B}{(x-1)^2} + \dfrac{C}{x-2} + \dfrac{D}{(x-2)^2} + \dfrac{E}{(x-2)^3}$

係数 B と E は，ケース3の方法で簡単に求めることができて，$B = -1$, $E = 1$ を得る．残りの係数 A, C, D は恒等式の性質を利用して求める．

$x = 0$ を代入して $\quad -\dfrac{1}{8} = -A - 1 - \dfrac{C}{2} + \dfrac{D}{4} - \dfrac{1}{8}$

$x = 3$ を代入して $\quad \dfrac{1}{4} = \dfrac{A}{2} - \dfrac{1}{4} + C + D + 1$

$x = 4$ を代入して $\quad \dfrac{1}{72} = \dfrac{A}{3} - \dfrac{1}{9} + \dfrac{C}{2} + \dfrac{D}{4} + \dfrac{1}{8}$

より $A = -3$, $C = 3$, $D = -2$ を得る．

$$\therefore \quad \frac{1}{(x-1)^2(x-2)^3}$$
$$= \frac{-3}{x-1} + \frac{-1}{(x-1)^2} + \frac{3}{x-2} + \frac{-2}{(x-2)^2} + \frac{1}{(x-2)^3}$$

問 15.5 例題 15.9 の関数の不定積分を求めよ．

問 15.6 次を部分分数に分解して，不定積分を求めよ．

(1) $\dfrac{1}{(x-2)(x-3)}$ (2) $\dfrac{1}{(x-1)(x+1)(x-3)}$

(3) $\dfrac{1}{x^2(x-1)}$ (4) $\dfrac{x}{(x-1)^2}$

15.3.3 部分積分法

関数の積の微分公式
$$\{f(x)g(x)\}' = f'(x)g(x) + f(x)g'(x)$$

から
$$f(x)g'(x) = \{f(x)g(x)\}' - f'(x)g(x)$$
$$\left(\text{あるいは}\quad f'(x)g(x) = \{f(x)g(x)\}' - f(x)g'(x)\right)$$
を導いて，x について積分する．
$$\int f(x)g'(x)dx = \int \{f(x)g(x)\}'dx - \int f'(x)g(x)dx$$
$$= f(x)g(x) - \int f'(x)g(x)dx$$

$f'(x)g(x)$ の不定積分についても同様の式を得る．よって

$$\int f(x)g'(x)dx = f(x)g(x) - \int f'(x)g(x)dx$$
$$\int f'(x)g(x)dx = f(x)g(x) - \int f(x)g'(x)dx$$
(15.24)

この公式による積分を**部分積分法**という．次に，部分積分法を例によって示そう．

例1
$$\int x \cos x dx$$
$f(x) = x,\quad g'(x) = \cos x$ すなわち $g(x) = \sin x$ である．
$$\text{与式} = \int x (\sin x)' dx = x \sin x - \int (x)' \sin x dx$$
$$= x \sin x - \int \sin x dx$$
$$= x \sin x + \cos x$$

例2
$$\int \log x dx$$
$$\text{与式} = \int 1 \times \log x dx = \int (x)' \log x dx$$
$$= x \log x - \int x(\log x)'dx = x \log x - \int x \times \frac{1}{x}dx$$

$$= x \log x - \int dx = x \log x - x$$

例 1 はべき関数の次数を下げるため，例 2 は被積分関数に対数関数を含むときによく利用される．

例題 15.10

次の関数を部分積分法によって積分せよ．
(1) $x \sin x$　　(2) xe^x　　(3) $x \log x$

解　(1) $\displaystyle\int x \sin x \, dx = \int x(-\cos x)' \, dx$
$$= -x \cos x - \int (x)'(-\cos x) dx$$
$$= -x \cos x + \int \cos x \, dx = -x \cos x + \sin x$$

(2) $\displaystyle\int xe^x \, dx = \int x(e^x)' \, dx = xe^x - \int (x)' e^x \, dx$
$$= xe^x - \int e^x \, dx = xe^x - e^x$$

(3) $\displaystyle\int x \log x \, dx = \int \left(\frac{1}{2}x^2\right)' \log x \, dx = \frac{1}{2} x^2 \log x - \frac{1}{2} \int x^2 (\log x)' \, dx$
$$= \frac{1}{2} x^2 \log x - \frac{1}{2} \int x^2 \times \frac{1}{x} dx = \frac{1}{2} x^2 \log x - \frac{1}{2} \int x \, dx$$
$$= \frac{1}{2} x^2 \log x - \frac{1}{4} x^2$$

問 15.7　次の関数を部分積分法によって積分せよ．
(1) xe^{-x}　　(2) $x^2 e^x$　　(3) $e^x \cos x$　　(4) $(\log x)^2$

第16章 定積分

16.1 定積分の定義

関数 $f(x)$ の不定積分を $F(x)$ とするとき，$F(b) - F(a)$ を関数 $f(x)$ の $x = a$ から $x = b$ までの**定積分**といい，次のように表す．

$$F(b) - F(a) = \Big[F(x)\Big]_a^b = \int_a^b f(x)dx \tag{16.1}$$

式 (16.1) による計算を，関数 $f(x)$ を $x = a$ から $x = b$ まで積分するといい，$x = a$ を定積分の**下端**，$x = b$ を**上端**，$x = a$ から $x = b$ までの区間を**積分範囲**(または**積分区間**) という．

定積分と面積計算とは密接な関係がある．区間 $a \leqq x \leqq b$ で $f(x) \geqq 0$ ならば，式 (16.1) は曲線 $f(x)$ と x 軸，y 軸に平行な 2 直線 $x = a$ と $x = b$ にはさまれた部分の面積 S を与える (図 16.1)．すなわち

$$\text{面積} \quad S = \int_a^b f(x)dx \tag{16.2}$$

一方，式 (16.1) から

$$\int_a^b f(x)dx = -\int_b^a f(x)dx, \quad \int_a^a f(x)dx = 0 \tag{16.3}$$

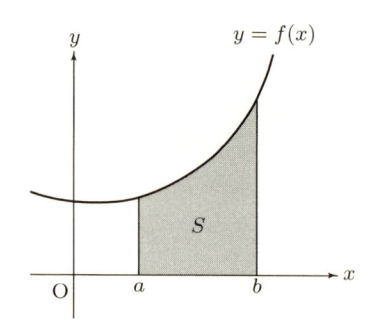

図 16.1 定積分と面積

の関係が成り立つ．一般的には，積分範囲内で関数は正や負になるので，それにともない定積分も正や負になる．したがって，面積計算に定積分を利用するときには，関数の符号と積分範囲に注意しなければならない．

定積分を面積に結びつけると，いろいろな積分公式が理解しやすくなる．区間 $a \leqq x \leqq b$ の途中に $x = c$ を考えると，次の公式が成り立つ．

$$\int_a^b f(x)dx = \int_a^c f(x)dx + \int_c^b f(x)dx \tag{16.4}$$

図 16.1 に示す面積は，途中の $x = c$ で切って 2 つに分けた部分の面積の和に等しいことを表している．しかし，面積でなくても式 (16.4) の関係は一般的に成り立つ．

これまでに示した不定積分の公式に積分範囲を指定すれば

$$\int_a^b cf(x)dx = c\int_a^b f(x)dx$$

のように，そのまま定積分の公式として利用することができる．

一方，$f(x) = x^2$，$a = 2$，$b = 3$ とすると，$f(x)$ の不定積分は

$$F(x) = \frac{1}{3}x^3 + C$$

であり，式 (16.1) により定積分は

$$F(3) - F(2) = \left(\frac{1}{3} \times 3^3 + C\right) - \left(\frac{1}{3} \times 2^3 + C\right) = \frac{19}{3}$$

となる．したがって，$F(2)$ と $F(3)$ に共通して含まれる積分定数 C は，差し引きされて必ず消えるので，定積分の計算では積分定数 C を不定積分から省略してよい．

例題 16.1

次の定積分を求めよ．

(1) $\displaystyle\int_1^3 (x+1)dx$　　(2) $\displaystyle\int_3^2 u^2 du$　　(3) $\displaystyle\int_0^{\frac{\pi}{2}} \sin p\, dp$

解 (1) $\displaystyle\int_1^3 (x+1)dx = \int_1^3 x\,dx + \int_1^3 dx = \left[\frac{1}{2}x^2\right]_1^3 + \left[x\right]_1^3$

$\displaystyle \qquad\qquad = \frac{1}{2}\left[x^2\right]_1^3 + \left[x\right]_1^3 = \frac{1}{2}(3^2 - 1^2) + (3-1) = 6$

(注意) $\left[\dfrac{1}{2}x^2\right]_1^3 = \dfrac{1}{2}\left[x^2\right]_1^3$ のように定数はかっこの前に出すことができる．

または $\displaystyle\int_1^3 (x+1)dx = \left[\frac{1}{2}x^2 + x\right]_1^3 = \frac{1}{2} \times 3^2 + 3 - \left(\frac{1}{2} + 1\right) = 6$

(2) $\displaystyle\int_3^2 u^2 du = \frac{1}{3}\left[u^3\right]_3^2 = \frac{1}{3}(2^3 - 3^3) = -\frac{19}{3}$

(3) $\displaystyle\int_0^{\frac{\pi}{2}} \sin p\, dp = \left[-\cos p\right]_0^{\frac{\pi}{2}} = -\left[\cos p\right]_0^{\frac{\pi}{2}} = -\left(\cos\frac{\pi}{2} - \cos 0\right) = 1$

例題 16.2

公式 (16.4) が成り立つことを示せ．

解 式 (16.1) より

$$\int_a^b f(x)dx = F(b) - F(a) \tag{1}$$

$$\int_a^c f(x)dx = F(c) - F(a) \tag{2}$$

$$\int_c^b f(x)dx = F(b) - F(c) \tag{3}$$

(2) + (3) より

$$\int_a^c f(x)dx + \int_c^b f(x)dx = F(c) - F(a) + \{F(b) - F(c)\}$$
$$= F(b) - F(a)$$
$$= \int_a^b f(x)dx$$

よって，公式 (16.4) が成り立つ．

例題 16.3

関数 $y = x^3$ について次の区間での定積分を求めよ．

(1) $[0, 2]$ (2) $[2, 3]$ (3) $[3, 2]$
(4) $[-2, 0]$ (5) $[-3, -2]$ (6) $[-2, 2]$

解 (1) $\displaystyle\int_0^2 x^3 dx = \frac{1}{4}\left[x^4\right]_0^2 = \frac{1}{4}(2^4 - 0) = 4$

(2) $\displaystyle\int_2^3 x^3 dx = \frac{1}{4}\left[x^4\right]_2^3 = \frac{1}{4}(3^4 - 2^4) = \frac{65}{4}$

(3) $\displaystyle\int_3^2 x^3 dx = \frac{1}{4}\left[x^4\right]_3^2 = \frac{1}{4}(2^4 - 3^4) = -\frac{65}{4}$

(4) $\displaystyle\int_{-2}^0 x^3 dx = \frac{1}{4}\left[x^4\right]_{-2}^0 = \frac{1}{4}\{0 - (-2)^4\} = -4$

(5) $\displaystyle\int_{-3}^{-2} x^3 dx = \frac{1}{4}\left[x^4\right]_{-3}^{-2} = \frac{1}{4}\{(-2)^4 - (-3)^4\} = -\frac{65}{4}$

(6) $\displaystyle\int_{-2}^2 x^3 dx = \frac{1}{4}\left[x^4\right]_{-2}^2 = \frac{1}{4}\{2^4 - (-2)^4\} = 0$

(注意) 各問の積分範囲を図 16.2 に示す．(1) と (2) の定積分は面積になる．(3) の積分範囲の下端は $x = 3$, 上端は $x = 2$ であり，x が減少する方向に積分している．その場合，x の増分 (微分 dx に等しい) が負になるから，関数 $f(x)$ が正であっても $f(x)dx$ は負になる．そのために積分結果は，絶対値は (2) の面積に等しいが負になる．逆に，(4) と (5) の積分範囲では，

x の微分 dx が正になるが，関数 $f(x)$ が負のため $f(x)dx$ は負になり，積分結果はいずれも負となる．(6) は，(1) と (4) の定積分の和になり，打ち消しあって結果が 0 になる．

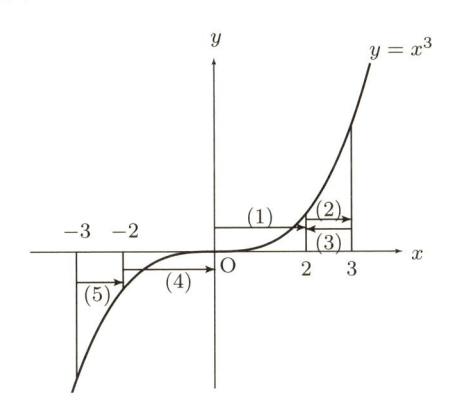

図 16.2

問 16.1 次の関数を $x = 2$ から $x = 4$ まで積分せよ．

(1) $y = x$ (2) $y = x^2$ (3) $y = x^3$

(4) $y = \sqrt{x}$ (5) $y = \dfrac{1}{x}$ (6) $y = e^x$

問 16.2 次の定積分を求めよ．

(1) $\displaystyle\int_1^2 \sqrt{x-1}\,dx$ (2) $\displaystyle\int_0^{\frac{\pi}{4}} \cos^2 t\,dt$

(3) $\displaystyle\int_1^3 \dfrac{1}{u^2}\,du$ (4) $\displaystyle\int_0^1 \dfrac{1}{(w-2)(w-3)}\,dw$

16.2　いろいろな定積分

16.2.1　置換積分法による定積分

例 1 $\displaystyle\int_2^3 (x+1)^2\,dx$ （不定積分は 15.3.1 項の例 1 と同じ）

まず不定積分を求める．

$u = x + 1$ とおくと $du = dx$

$$\int (x+1)^2 dx = \int u^2 du = \frac{1}{3} u^3 = \frac{1}{3}(x+1)^3$$

$$\therefore \text{与式} = \frac{1}{3}\Big[(x+1)^3\Big]_2^3 = \frac{1}{3}(4^3 - 3^3) = \frac{37}{3}$$

|例 2| 例 1 の別解．

$u = x+1$ とおくと $du = dx$

例 1 と異なるのは，新しい変数 u と古い変数 x の微分の関係式を導くだけでなく，積分範囲も同時におきかえる．

いま，x が a から b まで変化することを $x; a \to b$ で表すことにすると積分範囲は

$$\begin{cases} x\ ;\ 2 \to 3\ \text{のとき} \\ u\ ;\ 3 \to 4 \end{cases}$$

となる．(以下同様とする)

$$\therefore \quad \int_2^3 (x+1)^2 dx = \int_3^4 u^2 du = \frac{1}{3}\Big[u^3\Big]_3^4 = \frac{1}{3}(4^3 - 3^3) = \frac{37}{3}$$

|例 3|

$$\int_0^a x\sqrt{a^2 - x^2}\, dx$$

変数変換：$a^2 - x^2 = u^2$ とおくと $\sqrt{a^2 - x^2} = u$

$\qquad -2x\, dx = 2u\, du$ より $x\, dx = -u\, du$

積分範囲 $\begin{cases} x\ ;\ 0 \to a\ \text{のとき} \\ u\ ;\ a \to 0 \end{cases}$

与式 $= \displaystyle\int_a^0 u(-u\, du) = -\int_a^0 u^2 du$

(式 (16.3) の第 1 式を利用する)

$$= \int_0^a u^2 du = \frac{1}{3}\Big[u^3\Big]_0^a = \frac{1}{3}\left(a^3 - 0\right) = \frac{a^3}{3}$$

|例 4|

$$\int_0^a \sqrt{a^2 - x^2}\, dx$$

変数変換：$x = a\sin t$ とおくと $\sqrt{a^2 - x^2} = a\cos t$

$$dx = a\cos t\, dt$$

積分範囲 $\begin{cases} x\,;\ 0 \to a \text{ のとき} \\ t\,;\ 0 \to \pi/2 \end{cases}$

与式 $= \displaystyle\int_0^{\frac{\pi}{2}} a^2\cos^2 t\, dt = a^2 \int_0^{\frac{\pi}{2}} \frac{1+\cos 2t}{2}dt$

(式 (12.27) の第 2 式を利用する)

$= \dfrac{a^2}{2}\left[t + \dfrac{\sin 2t}{2}\right]_0^{\frac{\pi}{2}} = \dfrac{\pi a^2}{4}$

(半径 a の円の面積の 4 分の 1)

問 16.3 置換積分によって次の定積分を求めよ．

(1) $\displaystyle\int_0^2 \sqrt{x+1}\, dx$ (2) $\displaystyle\int_0^2 \frac{w}{w^2+1}dw$ (3) $\displaystyle\int_2^4 \frac{dx}{(1-x)^2}$

(4) $\displaystyle\int_1^5 \sqrt{2x-1}\, dx$ (5) $\displaystyle\int_0^1 \frac{x}{\sqrt{4+x^2}}dx$ (6) $\displaystyle\int_0^1 \frac{x}{\sqrt{4-x^2}}dx$

(7) $\displaystyle\int_0^2 \frac{dx}{\sqrt{4-x^2}}$ (8) $\displaystyle\int_0^{\frac{\pi}{2}} \sin^2 x\cos x\, dx$ (9) $\displaystyle\int_0^{\frac{\pi}{2}} \cos^3 t\, dt$

(10) $\displaystyle\int_e^{e^2} \frac{1}{x\log x}dx$

16.2.2 部分積分法による定積分

具体例によって，部分積分法による定積分の計算方法を説明する．

例 1

$$\int_0^{\frac{\pi}{2}} x\cos x\, dx$$

不定積分は 15.3.3 項の例 1 と同じである．

$$\int x\cos x\, dx = x\sin x + \cos x$$

$\therefore$ 与式 $= \left[x\sin x + \cos x\right]_0^{\frac{\pi}{2}} = \dfrac{\pi}{2} - 1$

先に不定積分を求めておいて，後で積分範囲を指定して定積分を求めればよい．

例2
$$\int_0^1 xe^x dx$$

$$\int xe^x dx = \int x(e^x)' dx = xe^x - \int (x)' e^x dx$$
$$= xe^x - \int e^x dx = xe^x - e^x$$

与式 $= \left[xe^x - e^x\right]_0^1 = e^1 - e^1 - (0 - e^0) = 1$

例3 (1) $\displaystyle\int_0^{\frac{\pi}{2}} \sin x dx$ (2) $\displaystyle\int_0^{\frac{\pi}{2}} \sin^n x dx$

(1) $\displaystyle\int_0^{\frac{\pi}{2}} \sin x dx = \left[-\cos x\right]_0^{\frac{\pi}{2}} = 0 - (-1) = 1$

(2) $J_n = \displaystyle\int \sin^n x dx$ とおいて，まず不定積分を求める．

$$J_n = \int \sin x \sin^{n-1} x dx = \int (-\cos x)' \sin^{n-1} x dx$$
$$= -\cos x \sin^{n-1} x + \int \cos x (\sin^{n-1} x)' dx$$
$$= -\cos x \sin^{n-1} x + (n-1) \int \sin^{n-2} x \cos^2 x dx$$
$$= -\cos x \sin^{n-1} x + (n-1) \int \sin^{n-2} x (1 - \sin^2 x) dx$$
$$= -\cos x \sin^{n-1} x + (n-1) \left\{\int \sin^{n-2} x dx - \int \sin^n x dx\right\}$$
$$= -\cos x \sin^{n-1} x + (n-1) J_{n-2} - (n-1) J_n$$

$\therefore \quad J_n = \dfrac{1}{n} \left\{-\cos x \sin^{n-1} x + (n-1) J_{n-2}\right\}$

改めて，定積分を $I_n = \displaystyle\int_0^{\frac{\pi}{2}} \sin^n x dx$ とおくと

与式 $= \dfrac{1}{n} \left[-\cos x \sin^{n-1} x\right]_0^{\frac{\pi}{2}} + \dfrac{n-1}{n} I_{n-2} = \dfrac{n-1}{n} I_{n-2}$

$$\therefore\ I_n = \frac{n-1}{n}I_{n-2}$$

$$I_0 = \int_0^{\frac{\pi}{2}} dx = \frac{\pi}{2}, \qquad I_1 = \int_0^{\frac{\pi}{2}} \sin x\, dx = 1 \quad \text{より}$$

$$I_2 = \frac{2-1}{2}I_0 = \frac{1}{2}\frac{\pi}{2}, \qquad I_3 = \frac{3-1}{3}I_1 = \frac{2}{3},$$

$$I_4 = \frac{4-1}{4}I_2 = \frac{3}{4}\frac{1}{2}\frac{\pi}{2}, \qquad I_5 = \frac{5-1}{5}I_3 = \frac{4}{5}\frac{2}{3},$$

$$I_6 = \frac{6-1}{6}I_4 = \frac{5}{6}\frac{3}{4}\frac{1}{2}\frac{\pi}{2}, \qquad I_7 = \frac{7-1}{7}I_5 = \frac{6}{7}\frac{4}{5}\frac{2}{3}$$

以上をまとめると

$$I_0 = \frac{\pi}{2} \qquad\qquad I_1 = 1$$

$$I_2 = \frac{1}{2}\frac{\pi}{2} \qquad\qquad I_3 = \frac{2}{3}$$

$$I_4 = \frac{3}{4}\frac{1}{2}\frac{\pi}{2} \qquad\qquad I_5 = \frac{4}{5}\frac{2}{3}$$

$$I_6 = \frac{5}{6}\frac{3}{4}\frac{1}{2}\frac{\pi}{2} \qquad\qquad I_7 = \frac{6}{7}\frac{4}{5}\frac{2}{3}$$

$$\vdots \qquad\qquad\qquad \vdots$$

となる．したがって，与式は次のようになる．

$$\int_0^{\frac{\pi}{2}} \sin^n x\, dx = \begin{cases} \dfrac{n-1}{n}\dfrac{n-3}{n-2}\cdots\cdots\dfrac{5}{6}\dfrac{3}{4}\dfrac{1}{2}\dfrac{\pi}{2} & (n\text{ が偶数のとき}) \\[2mm] \dfrac{n-1}{n}\dfrac{n-3}{n-2}\cdots\cdots\dfrac{6}{7}\dfrac{4}{5}\dfrac{2}{3} & (n\text{ が奇数のとき}) \end{cases}$$

(注意) $\int_0^{\frac{\pi}{2}} \cos^n x\, dx$ についても上式と同じ結果となる．

問 16.4 部分積分法によって次の定積分を求めよ．

(1) $\displaystyle\int_0^{\frac{\pi}{2}} x\cos x\, dx$ 　　(2) $\displaystyle\int_0^1 xe^{-x}\, dx$ 　　(3) $\displaystyle\int_0^1 x^2 e^x\, dx$

(4) $\displaystyle\int_0^{\frac{\pi}{2}} e^x \cos x\, dx$ 　　(5) $\displaystyle\int_1^e (\log x)^2\, dx$

問 16.5 次の定積分を求めよ．

(1) $\displaystyle\int_0^{\frac{\pi}{2}} \sin^2 x\,dx$ (2) $\displaystyle\int_0^{\frac{\pi}{2}} \sin^3 x\,dx$ (3) $\displaystyle\int_0^{\frac{\pi}{2}} \sin^4 x\,dx$

(4) $\displaystyle\int_0^{\frac{\pi}{2}} \cos^2 x\,dx$ (5) $\displaystyle\int_0^{\frac{\pi}{2}} \cos^3 x\,dx$ (6) $\displaystyle\int_0^{\frac{\pi}{2}} \cos^4 x\,dx$

16.3 定積分の応用

16.3.1 面積計算

関数 $f(x)$ がつねに正のとき，定積分 (16.2) は曲線 $f(x)$ と x 軸および y 軸に平行な 2 直線に囲まれた部分の面積を与える．ここでは，改めて式 (16.2) にしたがって一般の場合についての面積計算をする．

(1) 1 つの曲線と x 軸に囲まれた部分の面積

例 1 $y = x^2 - x$ と x 軸に囲まれた部分の面積 S を求める．

図 16.3 に示すように，区間 $0 \leqq x \leqq 1$ において $y \leqq 0$ であるから，定積分で面積を求めるためには，x 軸で折り返した曲線 $-y$ の定積分を計算する．

$$S = \int_0^1 \{-(x^2 - x)\}dx = -\int_0^1 (x^2 - x)dx = -\left[\frac{x^3}{3} - \frac{x^2}{2}\right]_0^1$$
$$= \frac{1}{6}$$

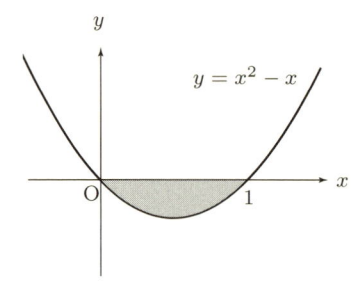

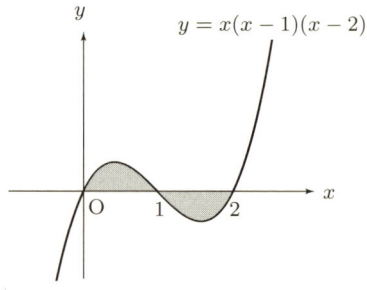

図 16.3

図 16.4

例 2　$y = x(x-1)(x-2)$ と x 軸に囲まれた部分の面積 S を求める．
曲線と x 軸に囲まれた部分は，$0 \leqq x \leqq 1$ では $y \geqq 0$，$1 < x \leqq 2$ では $y \leqq 0$ である (図 16.4)．したがって，面積は次のように 2 区間に分けて計算する．

$$S = \int_0^1 x(x-1)(x-2)dx + \int_1^2 \{-x(x-1)(x-2)\}\,dx$$

$$= \left[\frac{x^4}{4} - x^3 + x^2\right]_0^1 - \left[\frac{x^4}{4} - x^3 + x^2\right]_1^2 = \frac{1}{2}$$

例題 16.4

次の面積を求めよ．
(1) 半径 a の円の面積 S
(2) 楕円 $\dfrac{x^2}{a^2} + \dfrac{y^2}{b^2} = 1$ の面積 S

解　(1) 原点に中心をもち，半径が a の円 ($x^2 + y^2 = a^2$) から面積を計算する．そのとき，$0 \leqq x \leqq a$ の区間で $y \geqq 0$ の側の曲線と x 軸に囲まれた部分は円全体の面積の 1/4 である．よって

$$S = 4\int_0^a \sqrt{a^2 - x^2}\,dx$$

この定積分は 16.2.1 項の例 4 と同じであるから，その結果を用いて

$$S = 4 \times \frac{\pi a^2}{4} = \pi a^2$$

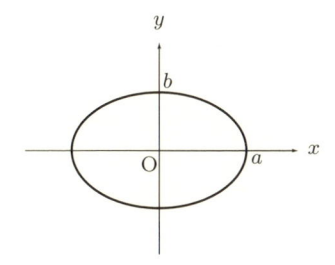

図 16.5　楕円

(2) 楕円の式から $y = \pm\dfrac{b}{a}\sqrt{a^2 - x^2}$ を得る．

そのとき，$0 \leqq x \leqq a$ の区間で $y \geqq 0$ の側の曲線と x 軸に囲まれた部分は，楕円全体の面積の 1/4 である．よって

$$S = 4\dfrac{b}{a}\int_0^a \sqrt{a^2 - x^2}\, dx$$

この定積分は，係数を除けば (1) と同じである．したがって

$$S = 4\dfrac{b}{a} \times \dfrac{\pi a^2}{4} = \pi ab$$

$a = b$ のとき $S = \pi a^2$ となり円の面積に一致する．

問 16.6 次の曲線と x 軸に囲まれた部分の面積を求めよ．

(1) $y = x^2 - 4$ (2) $y = (x-1)x(x+1)$

(3) $y = \dfrac{1}{2}\sqrt{4 - x^2}$ (4) $y = \sin x \ (0 \leqq x \leqq \pi)$

(2) 2 つの曲線に囲まれた部分の面積

区間 $a \leqq x \leqq b$ において $f(x) \geqq g(x) \geqq 0$ のとき，この区間において 2 つの曲線に囲まれた部分の面積 S は，$f(x)$ と x 軸の間の面積と $g(x)$ と x 軸の間の面積の差で与えられる (図 16.6)．

$$\begin{aligned}
S &= \int_a^b f(x)dx - \int_a^b g(x)dx \\
  &= \int_a^b \{f(x) - g(x)\}\, dx
\end{aligned} \tag{16.5}$$

図 16.6 の面積を求める図形は y 軸方向に任意に平行移動しても面積は変わらないから，$g(x) < 0$ でも $f(x) < 0$ でも成り立つ．

16.3 定積分の応用

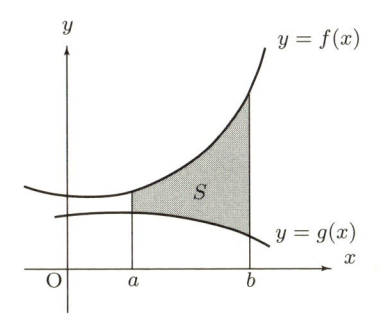

図 16.6

例1　放物線 $y = x^2$ と直線 $y = -x + 2$ に囲まれた部分の面積 S を求める.

求める面積 S は，図 16.7 に示す部分である．計算手順としては，まず放物線と直線の交点を求める．

交点の x 座標は，$x^2 = -x + 2$ を解いて，$x = -2$ と $x = 1$ を得る．面積は，直線が放物線より上に位置することから次のように計算する．

$$S = \int_{-2}^{1} \left(-x + 2 - x^2\right) dx = \left[-\frac{x^2}{2} + 2x - \frac{x^3}{3}\right]_{-2}^{1} = \frac{9}{2}$$

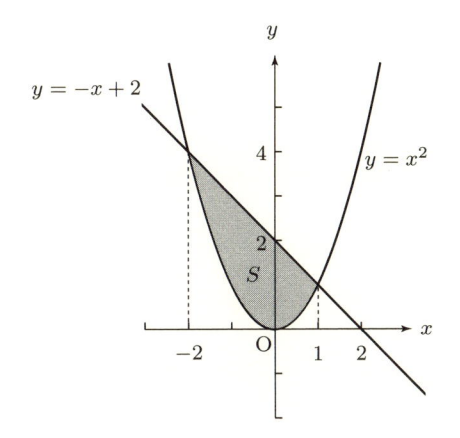

図 16.7

例 2 $y = x^3 - 2x$ と $y = x^2$ の曲線に囲まれた部分の面積 S を求める．

2つの曲線の交点は

$$x^3 - 2x = x^2 \quad \text{より} \quad x = -1,\ 0,\ 2$$

であり，2つの曲線に囲まれた部分は，$-1 \leqq x \leqq 0$ および $0 \leqq x \leqq 2$ の2つの部分になる (図 16.8)．2つの曲線の位置を考慮して

$$S = \int_{-1}^{0} (x^3 - 2x - x^2) dx + \int_{0}^{2} \{x^2 - (x^3 - 2x)\} dx$$

$$= \left[\frac{x^4}{4} - x^2 - \frac{x^3}{3} \right]_{-1}^{0} + \left[\frac{x^3}{3} - \frac{x^4}{4} + x^2 \right]_{0}^{2} = \frac{37}{12}$$

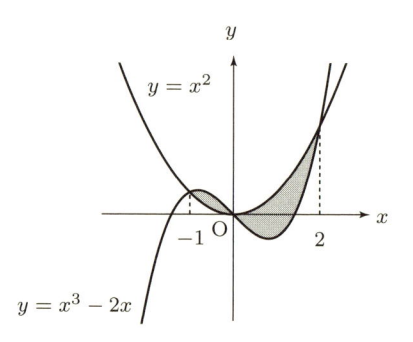

図 16.8

問 16.7   次の曲線または直線に囲まれた部分の面積を求めよ．

(1) $y = x$ と $y = x^2$

(2) $y = \log x$ と $y = (\log x)^2$

(3) $y = x$ と $y = x^2 - 6$

(4) $y = \sqrt{x}$ と $y = x^2$

(5) $y = \sin x$ と $y = \cos x$ $(0 \leqq x \leqq 2\pi)$

16.3.2 回転体の体積

区間 $a \leqq x \leqq b$ において曲線 $y = f(x)$ を x 軸のまわりに1回転させてできる部分の体積 V は，

$$V = \pi \int_a^b \{f(x)\}^2 \, dx \tag{16.6}$$

で与えられる．これを**回転体の体積**という．

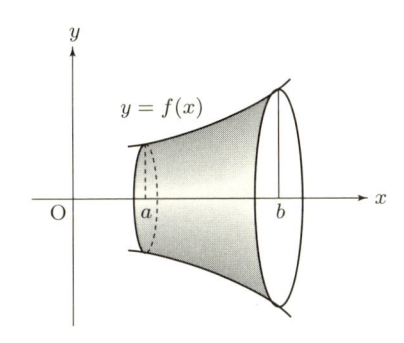

図 16.9　回転体　　　　　　　　図 16.10

例 1　直線 $y = x$ を x 軸のまわりに 1 回転したときできる回転体の $0 \leqq x \leqq a$ の部分の体積 V を求める (図 16.10)．
$$V = \pi \int_0^a x^2 dx = \frac{\pi}{3}\left[x^3\right]_0^a = \frac{\pi a^3}{3}$$

一方，この回転体は底面が半径 a の円，高さが a の直円錐であり，体積は

$$\text{体積 } V = \frac{1}{3} \times \text{底面積 } (\pi a^2) \times \text{高さ } (a) = \frac{\pi a^3}{3}$$

となり，上の結果と一致する．

例 2　半円 $y = \sqrt{a^2 - x^2}$ を x 軸のまわりに 1 回転してできる体積 V を求める．
$$V = \pi \int_{-a}^a (a^2 - x^2)dx = \pi\left[a^2 x - \frac{x^3}{3}\right]_{-a}^a = \frac{4\pi a^3}{3}$$

この回転体は半径 a の球であり，体積はよく知られたものとなっている．

例題 16.5

曲線 $y = x^2$ ($0 \leqq x \leqq 2$) について次のものを求めよ．
(1) x 軸のまわりに 1 回転してできる回転体の体積 V
(2) y 軸のまわりに 1 回転してできる回転体の体積 V

解 (1) $V = \pi \int_0^2 y^2 \, dx = \pi \int_0^2 x^4 \, dx = \pi \left[\dfrac{x^5}{5} \right]_0^2 = \dfrac{32\pi}{5}$

(2) 公式 (16.6) と同様にして，区間 $y_1 \leqq y \leqq y_2$ において曲線 $y = f(x)$ を y 軸のまわりに回転してできる回転体の体積は次式で与えられる．

$$V = \pi \int_{y_1}^{y_2} x^2 \, dy$$

よって

$$V = \pi \int_0^4 x^2 \, dy = \pi \int_0^4 y \, dy = \pi \left[\dfrac{y^2}{2} \right]_0^4 = 8\pi$$

問 16.8 次を x 軸のまわりに 1 回転してできる回転体の体積を求めよ．
(1) $y = \dfrac{b}{a}\sqrt{a^2 - x^2}$ (2) $y = \sin x$ $\left(0 \leqq x \leqq \dfrac{\pi}{2} \right)$
(3) $y = e^x$, $x = 0$, $x = 1$, および x 軸で囲まれた部分

16.3.3 曲線の長さ

曲線 $y = f(x)$ に沿う区間 $a \leqq x \leqq b$ における曲線の長さ ℓ は，

$$\ell = \int_a^b \sqrt{1 + (y')^2} \, dx \tag{16.7}$$

で与えられる．この公式は，次のようにして導かれる．

図 16.11 に示す曲線の長さ ℓ の増分 $\Delta \ell$ は三平方の定理により

$$\Delta \ell = \sqrt{(\Delta x)^2 + (\Delta y)^2} = \sqrt{1 + \left(\dfrac{\Delta y}{\Delta x} \right)^2} \, \Delta x$$

$\Delta x \to 0$ (したがって，$\Delta \ell \to 0$) として，

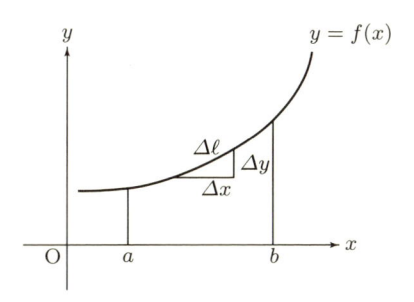

図 16.11 曲線の長さ

$$dℓ = \sqrt{1 + \left(\frac{dy}{dx}\right)^2}\,dx$$

この $dℓ$ (**線素**という) を a から b まで積分して，式 (16.7) を得る．

一方，曲線が媒介変数関数

$$\begin{cases} x = x(t) \\ y = y(t) \end{cases}$$

で表されるとき

$$\Delta ℓ = \sqrt{(\Delta x)^2 + (\Delta y)^2} = \sqrt{\left(\frac{\Delta x}{\Delta t}\right)^2 + \left(\frac{\Delta y}{\Delta t}\right)^2}\,\Delta t$$

となり，$\Delta t \to 0$ により区間 $t_a \leqq t \leqq t_b$ の曲線の長さ $ℓ$ は次のようになる．

$$ℓ = \int_{t_a}^{t_b} \sqrt{\left(\frac{dx}{dt}\right)^2 + \left(\frac{dy}{dt}\right)^2}\,dt \tag{16.8}$$

以上のように被積分関数が無理関数になるため，曲線の長さを求める計算は難しくなる．その中でも媒介変数関数の場合は，比較的計算が簡単になる例がある．次にその例を示す．

例 1 半径 a の円の円周を求める．

円の媒介変数関数は，θ を x 軸正から計った $0 \leq \theta < 2\pi$ の角度として

$$\begin{cases} x = a\cos\theta \\ y = a\sin\theta \end{cases}$$

と表すことができる．そのとき

$$\frac{dx}{d\theta} = -a\sin\theta, \quad \frac{dy}{d\theta} = a\cos\theta$$

$$\therefore \sqrt{\left(\frac{dx}{d\theta}\right)^2 + \left(\frac{dy}{d\theta}\right)^2} = \sqrt{(-a\sin\theta)^2 + (a\cos\theta)^2} = a$$

$$\therefore \ell = \int_0^{2\pi} \sqrt{\left(\frac{dx}{d\theta}\right)^2 + \left(\frac{dy}{d\theta}\right)^2}\, d\theta = a\int_0^{2\pi} d\theta = 2\pi a$$

半径 a の円の円周は $2\pi a$ となる．

例 2

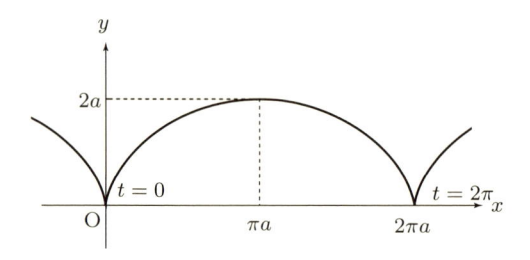

図 **16.12** サイクロイド

サイクロイド

$$\begin{cases} x = a(t - \sin t) \\ y = a(1 - \cos t) \end{cases} \tag{16.9}$$

に沿う区間 $0 \leq t \leq 2\pi$ の曲線の長さを求める．

$$\frac{dx}{dt} = a(1 - \cos t), \quad \frac{dy}{dt} = a\sin t$$

$$\left(\frac{dx}{dt}\right)^2 + \left(\frac{dy}{dt}\right)^2 = a^2(1-\cos t)^2 + a^2\sin^2 t$$
$$= a^2(1 - 2\cos t + \cos^2 t) + a^2\sin^2 t$$
$$= 2a^2(1-\cos t)$$
$$(式 (12.27) で 2A = t とおく)$$
$$= 4a^2 \sin^2 \frac{t}{2}$$

$$\therefore \sqrt{\left(\frac{dx}{dt}\right)^2 + \left(\frac{dy}{dt}\right)^2} = 2a\sin\frac{t}{2}$$

$$\therefore \ell = \int_0^{2\pi} \sqrt{\left(\frac{dx}{dt}\right)^2 + \left(\frac{dy}{dt}\right)^2}\, dt$$
$$= 2a\int_0^{2\pi} \sin\frac{t}{2}\, dt$$
$$= 2a\left[-2\cos\frac{t}{2}\right]_0^{2\pi} = 8a$$

例題 16.6

次の曲線の長さを求めよ．

(1) $y = \dfrac{2}{3}\sqrt{x^3}$ $(0 \leqq x \leqq 3)$ (2) $y = \log x$ $(\sqrt{3} \leqq x \leqq 2\sqrt{2})$

解 (1) $y' = \sqrt{x}$ より $\sqrt{1+(y')^2} = \sqrt{1+x}$

$$\ell = \int_0^3 \sqrt{1+x}\, dx$$
$$(\,1+x = t^2 \quad と変数変換する\,)$$
$$= \int_1^2 t\cdot 2t\, dt = 2\int_1^2 t^2\, dt = 2\left[\frac{t^3}{3}\right]_1^2 = \frac{14}{3}$$

(2) $y' = \dfrac{1}{x}$ より $\sqrt{1+(y')^2} = \sqrt{1+\dfrac{1}{x^2}}$

$$\ell = \int_{\sqrt{3}}^{2\sqrt{2}} \sqrt{1+\frac{1}{x^2}}\, dx = \int_{\sqrt{3}}^{2\sqrt{2}} \frac{\sqrt{1+x^2}}{x}\, dx$$
$$(\,1+x^2 = t^2 \quad と変数変換する\,)$$

$$= \int_2^3 \frac{t^2}{t^2-1}dt = \int_2^3 \left(1 + \frac{1}{t^2-1}\right)dt$$

$$= \int_2^3 \left\{1 + \frac{1}{2}\left(\frac{1}{t-1} - \frac{1}{t+1}\right)\right\}dt$$

$$= \left[t + \frac{1}{2}\{\log(t-1) - \log(t+1)\}\right]_2^3$$

$$= \left[t + \frac{1}{2}\log\frac{t-1}{t+1}\right]_2^3 = 1 + \frac{1}{2}\log\frac{3}{2}$$

問 16.9 次の曲線の長さを求めよ．ただし，$a > 0$ とする．

(1) 曲線 $y = \frac{1}{3}(x^2 - 2)^{\frac{3}{2}}$ の $2 \leqq x \leqq 3$ の部分

(2) アステロイド (星形) $x = a\cos^3 t$, $y = a\sin^3 t$ $(0 \leqq t \leqq 2\pi)$ の全周

(3) 曲線 $y = a\log\left(1 - \frac{x^2}{a^2}\right)$ の $0 \leqq x \leqq b$ の部分 (ただし，$a > b$ とする)

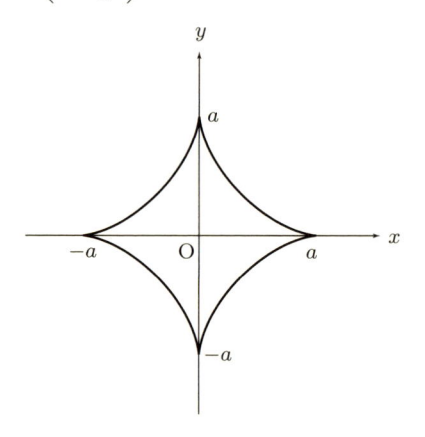

図 16.13 アステロイド (星形)

解 答

■第1章

問 **1.1** (1) $3.1\dot{3}$ (2) $0.\dot{1}\dot{4}$ (3) $20.3\dot{1}\dot{5}$ (4) $0.\dot{0}12567$

問 **1.2** (1) 有理数 (2) 有理数 (3) 無理数
(4) 有理数 (5) 有理数

問 **1.3** $\dfrac{9}{2}$, 3.0, $0.1\dot{2}$, 1.7, π

問 **1.4** (1) 3 (2) 1 (3) 24 (4) 24 (5) 6

■第2章

問 **2.1** (1) 2と -2 (例題 2.2 の (1) と同じ)
(**注意**) $\sqrt{4}=2$ であるから, 4 の平方根 $\neq \sqrt{4}$ に注意すること.
(2) なし (3) 2 (4) -2
(5) 2 (例題 2.2 の (2) と同じ)
(6) -2 (例題 2.2 の (3) と同じ)

問 **2.2** (1) 2.236 (2) -1.709 (3) -1.495 (4) 1.379

問 **2.3** (1) すべて 3
(2) すべて 5
(3) 15, 25, 35, 55, 75, 85, 95
(4) 1.1, 1.2, 1.3, 1.5, 1.6
(5) 3 番目までが 0.1, 残りが 10
$1\,000 = 10^3$ より $1\,000^{\frac{1}{3}} = 10$
または $1\,000^{\frac{1}{3}} = (10^3)^{\frac{1}{3}} = 10^{3 \times \frac{1}{3}} = 10^1 = 10$
(6) $10^{-2} = \left(\dfrac{1}{10}\right)^2 = \dfrac{1}{10^2} = \dfrac{1}{100} = 0.01$

$$100^{-0.5} = \frac{1}{100^{0.5}} = \frac{1}{100^{\frac{1}{2}}} = \frac{1}{\sqrt{100}} = \frac{1}{10} = 0.1$$

$$25^{1.5} = 25^{\frac{3}{2}} = (25^{\frac{1}{2}})^3 = (\sqrt{25})^3 = 5^3 = 125$$

$$8^{-\frac{2}{3}} = \frac{1}{8^{\frac{2}{3}}} = \frac{1}{(\sqrt[3]{8})^2} = \frac{1}{2^2} = \frac{1}{4} = 0.25$$

問 2.4　(1)　$2\sqrt{2}$　　(2)　$7 - 2\sqrt{10}$　　(3)　$17 + 13\sqrt{6}$

問 2.5　(1)　$\dfrac{3 + \sqrt{15}}{2}$　　(2)　$\dfrac{12 - 7\sqrt{6}}{10}$

■第 3 章■

問 3.1　(1)　$x^2 - x - 2$　　　　(2)　$a^2 + ab - 2b^2$

　　　　(3)　$x^4 - 8x^2 + 16$　　(4)　$8a^3 - 36a^2 + 54a - 27$

問 3.2　(1)　$bx(ax - b)$　　　　(2)　$(x + 1)(x - 4)$

　　　　(3)　$(2x + 3)(x - 1)$　　(4)　$(2a + 3b)(2a - 3b)$

　　　　(5)　$(x - 2)^3$　　　　　(6)　$(2x - 3)(4x^2 + 6x + 9)$

問 3.3　(1)　商 $x - 6$, 剰余 9　　　　(2)　商 $3x^2 + 3x$, 剰余 $-5x + 1$

　　　　(3)　商 $x^2 + \dfrac{1}{2}$, 剰余 $-\dfrac{1}{2}$

■第 5 章■

問 5.1　偶関数は (2), (4), 奇関数は (1), (3), (5).

■第 6 章■

問 6.1　解図 1

　　　　(1)　x 切片 -2, y 切片 4　　(2)　x 切片 2, y 切片 6

　　　　(3)　x 切片 -4, y 切片 2

問 6.2　解図 2

問 6.3　$a = -2$,　$b = 2$,　$c = -1$

問 6.4　$a = -1$,　$b = 2$

問 6.5　(1)　$x > -2$　(2)　$x < 2$　(3)　$x > -4$

問 6.6　(1)　$x < 2$　(2)　$x > 2$　(3)　$x \leqq -2$

解　答　209

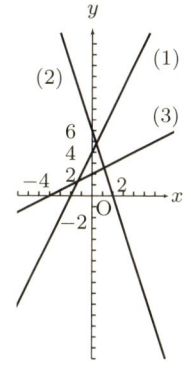

解図 1

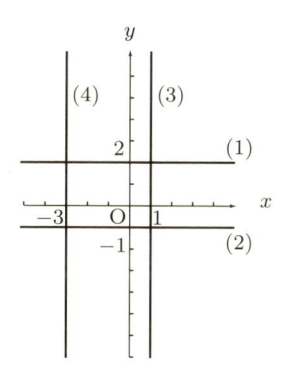

解図 2

第 7 章

問 **7.1**　解図 3

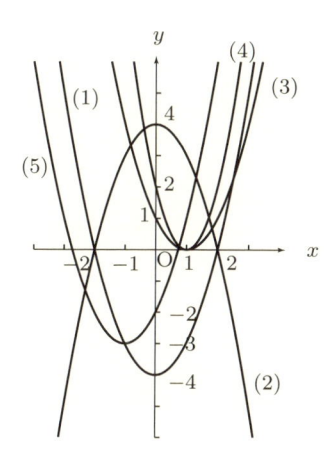

解図 3

問 **7.2**　(1)　$-\dfrac{3}{2}$ と 1　　(2)　2 と -2　　(3)　$\dfrac{1}{3}$ と 2　　(4)　2

問 **7.3**　(1)　$(x-2)(x+2)$　　(2)　$(2x-3)(2x+3)$
　　　　(3)　$(x+2)^2$　　(4)　$(x+3)(x-1)$
　　　　(5)　$(2x+3)(x+1)$　　(6)　$(3x+1)(2x-1)$

問 **7.4**　(1)　$D = 25 > 0$, 共有点が 2 個　　(2)　$D = -4 < 0$, 共有点が 0

210　解　答

(3) $D = 25 > 0$, 共有点が 2 個　　(4) $D = 0$, 共有点が 1 個

問 **7.5**　(1) $x < -\dfrac{3}{2},\ x > 1$　　(2) 解なし

(3) $x < \dfrac{1}{3},\ x > 2$　　(4) $x = 2$

問 **7.6**　(1) -1　(2) $-8i$　(3) 4　(4) $-i$　(5) -8

問 **7.7**　(1) $D = -16,\ x = \pm 2i$　　(2) $D = -16,\ x = -1 \pm 2i$

(3) $D = -3,\ x = \dfrac{-1 \pm \sqrt{3}i}{2}$　　(4) $D = -12,\ x = 1 \pm \sqrt{3}i$

問 **7.8**　(1) 10　(2) $3 - 2i$　(3) $-\dfrac{1}{2} - \dfrac{5}{2}i$　(4) $\dfrac{6}{5}$

問 **7.9**　(1) $D = 25 > 0$, 2 実数解　　(2) $D = -16 < 0$, 2 虚数解

(3) $D = 25 > 0$, 2 実数解　　(4) $D = -4 < 0$, 2 虚数解

問 **7.10**　解図 4

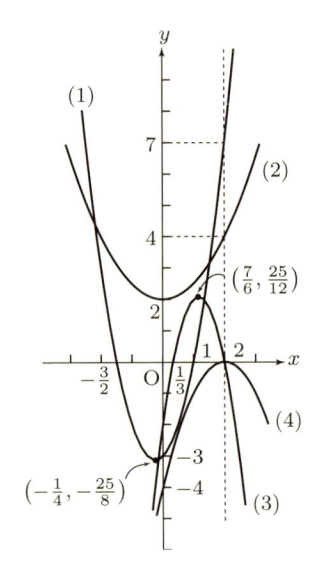

解図 4

ア．実数全体の場合

(1) $x = -\dfrac{1}{4}$ で最小値 $-\dfrac{25}{8}$　　(2) $x = 0$ で最小値 2

(3) $x = \dfrac{7}{6}$ で最大値 $\dfrac{25}{12}$　　(4) $x = 2$ で最大値 0

イ． $0 \leqq x \leqq 2$ の場合

(1) $x = 0$ で最小値 -3, $x = 2$ で最大値 7

(2) $x = 0$ で最小値 2, $x = 2$ で最大値 4

(3) $x = 0$ で最小値 -2, $x = \dfrac{7}{6}$ で最大値 $\dfrac{25}{12}$

(4) $x = 0$ で最小値 -4, $x = 2$ で最大値 0

■第 8 章
問 **8.1** 解図 5

■第 9 章
問 **9.1** 解図 6
問 **9.2** 解図 7

解図 5

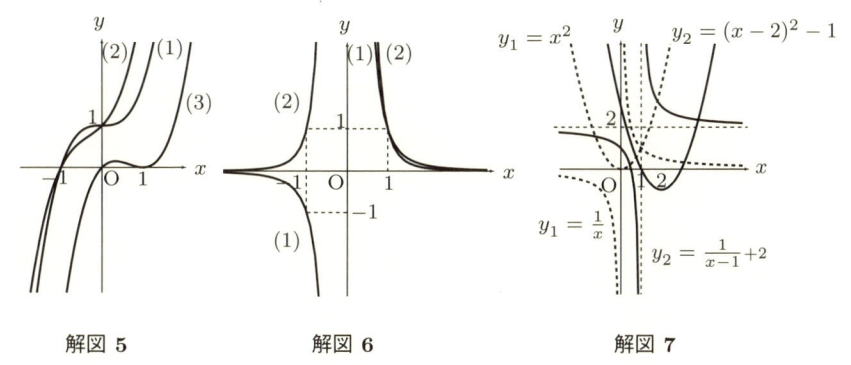

解図 6

解図 7

■第 10 章
問 **10.1** 解図 8

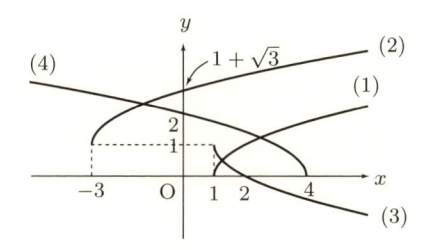

解図 8

問 **10.2** (1) $x=1$ (2) $x=1$ (3) $x=5$ (4) $x=2$

■第 11 章

問 **11.1** (1) $2=\log_5 25$ (2) $3=\log_{10} 1\,000$ (3) $-1=\log_8 0.125$
(4) $\dfrac{3}{2}=\log_4 8$ (5) $-\dfrac{3}{2}=\log_9 \dfrac{1}{27}$

問 **11.2** (1) 2 (2) -2 (3) 2 (4) -4

問 **11.3** (1) 0 (2) 1

問 **11.4** 常用対数 (1) $2\dfrac{\log 5}{\log 2}$ (2) $\dfrac{1}{\log 3}$ (3) $\log 3$

自然対数 (1) $2\dfrac{\ln 5}{\ln 2}$ (2) $\dfrac{\ln 10}{\ln 3}$ (3) $\dfrac{\ln 3}{\ln 10}$

問 **11.5** 解図 9

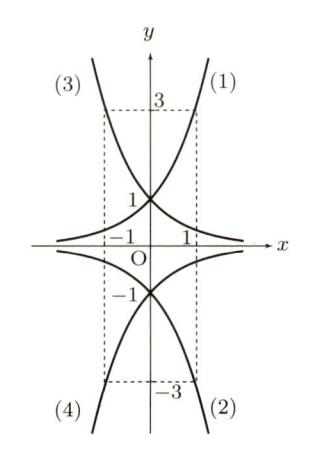

解図 9

問 **11.6** 表 11.1 に示す対数の性質 (6) により

$$\log_{\frac{1}{2}} x = \dfrac{\log x}{\log \frac{1}{2}} = \dfrac{\log x}{\log 2^{-1}} = \dfrac{\log x}{-\log 2} = -\log_2 x$$

ゆえに $y=-\log_2 x$ と $y=\log_{\frac{1}{2}} x$ は同じものである.
グラフは，例題 11.6 の (1) の曲線と x 軸に対して対称になる (解図 10).

問 **11.7** 逆関数は $y=\dfrac{1}{x+1}\ (x>-1)$, グラフは解図 11.

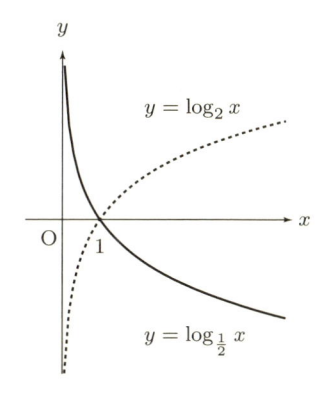

解図 10

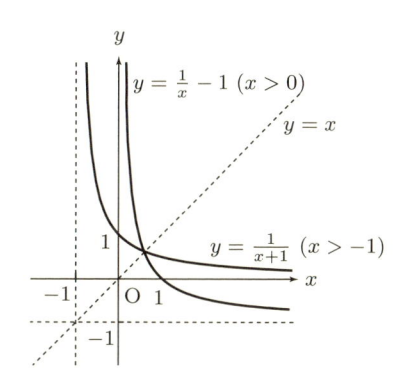

解図 11

■第 12 章

問 12.1　(1) $\dfrac{\pi}{6}$　(2) $\dfrac{\pi}{3}$　(3) $\dfrac{2\pi}{3}$　(4) $\dfrac{4\pi}{3}$

問 12.2　(1) 18°　(2) 36°　(3) 210°　(4) 288°

問 12.3　(1) $\ell = \dfrac{2\pi}{3},\ S = \dfrac{4\pi}{3}$　(2) $\ell = \pi,\ S = 2\pi$

(3) $\ell = \dfrac{4\pi}{3},\ S = \dfrac{8\pi}{3}$　(4) $\ell = 2\pi,\ S = 4\pi$

(5) $\ell = \dfrac{8\pi}{3},\ S = \dfrac{16\pi}{3}$

問 12.4　$\sin A = 3/5,\ \cos A = 4/5,\ \tan A = 3/4$ である．

$\dfrac{\sin A}{\cos A} = \dfrac{3/5}{4/5} = \dfrac{3}{4}$　よって，$\tan A = \dfrac{\sin A}{\cos A}$　が成り立つ．

$1 + \tan^2 A = 1 + \left(\dfrac{3}{4}\right)^2 = \dfrac{25}{16}$，一方，$\sec^2 A = \dfrac{1}{\cos^2 A} = \dfrac{1}{\left(\dfrac{4}{5}\right)^2} = \dfrac{25}{16}$

よって，$1 + \tan^2 A = \sec^2 A$　が成り立つ．

問 12.5　(1) 正弦，余弦，正接は例題 12.4 の解答を参照．

$\sec \dfrac{\pi}{6} = \dfrac{2}{\sqrt{3}},\qquad \operatorname{cosec} \dfrac{\pi}{6} = 2,\qquad \cot \dfrac{\pi}{6} = \sqrt{3}$

(2) $\sin \dfrac{\pi}{4} = \dfrac{1}{\sqrt{2}},\qquad \cos \dfrac{\pi}{4} = \dfrac{1}{\sqrt{2}},\qquad \tan \dfrac{\pi}{4} = 1,$

$$\sec\frac{\pi}{4} = \sqrt{2}, \qquad \operatorname{cosec}\frac{\pi}{4} = \sqrt{2}, \qquad \cot\frac{\pi}{4} = 1$$

(3) $\sin\dfrac{\pi}{3} = \dfrac{\sqrt{3}}{2},\qquad \cos\dfrac{\pi}{3} = \dfrac{1}{2},\qquad \tan\dfrac{\pi}{3} = \sqrt{3},$

$\sec\dfrac{\pi}{3} = 2,\qquad \operatorname{cosec}\dfrac{\pi}{3} = \dfrac{2}{\sqrt{3}},\ \cot\dfrac{\pi}{3} = \dfrac{1}{\sqrt{3}}$

問 **12.6** (1) $500° = 140° + 1 \times 360°$

(2) $1\,000° = -80° + 3 \times 360°$

(3) $-500° = -140° + (-1) \times 360°$

(4) $-1\,000 = 80° + (-3) \times 360°$　　動径の位置は解図 12.

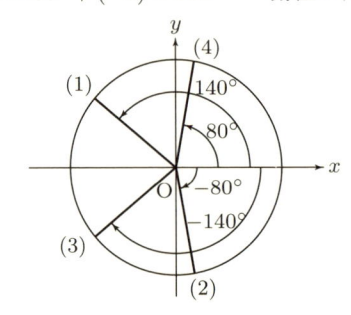

解図 12

問 **12.7** (1) 第 2 象限　　(2) 第 4 象限

(3) 第 3 象限　　(4) 第 1 象限

問 **12.8** (1) $-\dfrac{\sqrt{3}}{2}$　　(2) $\sqrt{3}$　　(3) $\dfrac{1}{\sqrt{3}}$　　(4) $-\dfrac{1}{\sqrt{2}}$

問 **12.9** (1) $\cos\theta$　　(2) $-\cos\theta$　　(3) $\tan\theta$

(4) $\sin\theta$　　(5) $-\sin\theta$　　(6) $-\cot\theta$

問 **12.10**　解図 13，周期は (1) が π，(2) が 2π である．

問 **12.11**　解図 14，周期は (1) が 4π，(2) が 2π である．

問 **12.12**　解図 15，周期は (1) が π，(2) が 2π である．

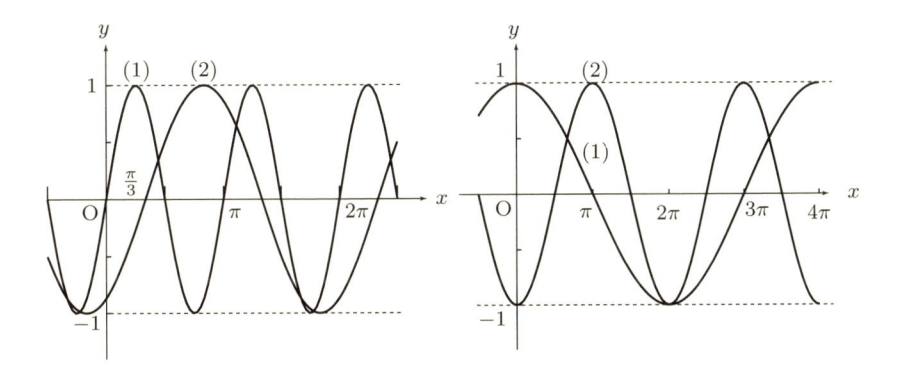

解図 13

解図 14

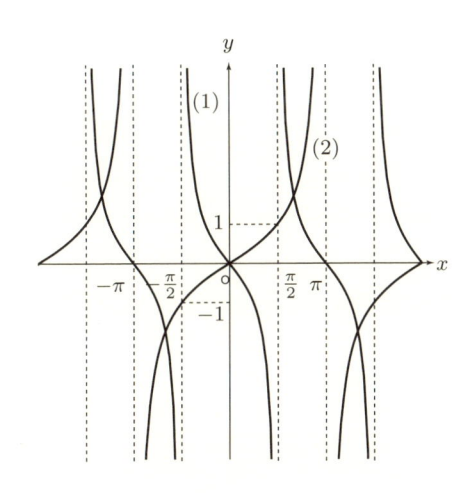

解図 15

問 12.13 $75° = 45° + 30°$, $15° = 45° - 30°$, $105° = 60° + 45°$ として加法定理を利用する.

(1) $\dfrac{\sqrt{2}(\sqrt{3}-1)}{4}$ (2) $\dfrac{\sqrt{2}(\sqrt{3}+1)}{4}$ (3) $2-\sqrt{3}$

(4) $\dfrac{\sqrt{2}(\sqrt{3}+1)}{4}$ (5) $\dfrac{\sqrt{2}(1-\sqrt{3})}{4}$

問 **12.14**
$$\sqrt{3}\sin x + \cos x = 2\left(\sin x \times \frac{\sqrt{3}}{2} + \cos x \times \frac{1}{2}\right)$$
$$= 2\left(\cos x \cos \frac{\pi}{3} + \sin x \sin \frac{\pi}{3}\right)$$
$$= 2\cos\left(x - \frac{\pi}{3}\right)$$

問 **12.15** (1) $r=1,\ B=90°,\ C=30°,\ c=1$
(2) $r=1,\ a=1,\ C=30°,\ c=1$

問 **12.16** (1) $a^2 = b^2 + c^2 - 2bc\cos A$ より
$a^2 = 3^2 + 5^2 - 2\times 3\times 5\times \cos 120° = 49$
$a > 0$ であるから ∴ $a=7$
(2) $b^2 = c^2 + a^2 - 2ca\cos B$ より
$\cos B = \dfrac{c^2+a^2-b^2}{2ca} = \dfrac{3^2+4^2-(\sqrt{13})^2}{2\times 3\times 4} = \dfrac{1}{2}$ ∴ $B=60°$

問 **12.17** (1) 7 (2) $\dfrac{9}{2}\sqrt{3}$

問 **12.18** (1) $4\sqrt{5}$ (2) $12\sqrt{5}$

■第 13 章

問 **13.1** (1) 10 (2) 20 (3) 19

問 **13.2** (1) $\displaystyle\sum_{k=1}^{6}(3k-1)$ (2) $\displaystyle\sum_{\ell=2}^{6}2^{\ell}$ (3) $\displaystyle\sum_{m=2}^{6}2$

問 **13.3** (1) $a_n = 2n+2,\quad 4,\ 6,\ 8$
(2) $a_n = -2n+18,\quad 16,\ 14,\ 12$

問 **13.4** (1) -75 (2) 155

問 **13.5** (1) $a_n = 3(-2)^{n-1}\quad a_2=-6,\ a_3=12,\ a_4=-24$
(2) $r=\dfrac{1}{2}$ のとき $a_n = -120\left(\dfrac{1}{2}\right)^{n-1}$
$a_2=-60,\ a_3=-30,\ a_4=-15$
$r=-\dfrac{1}{2}$ のとき $a_n = -120\left(-\dfrac{1}{2}\right)^{n-1}$
$a_2=60,\ a_3=-30,\ a_4=15$

問 **13.6** (1) $-1\,023$ (2) $\dfrac{5\,115}{64}$

問 13.7　(1) $\displaystyle\sum_{k=1}^{8}(6-4k)$

(2) $\displaystyle\sum_{n=1}^{12}4\cdot 2^{n-1}$　または　$\displaystyle\sum_{n=1}^{12}2^{n+1}$　(3) $\displaystyle\sum_{k=10}^{3}k$　または　$\displaystyle\sum_{k=3}^{10}k$

(4) $\displaystyle\sum_{k=4}^{10}(2k-1)$, 本書では，単に奇数列といえば初項が 1 としているから一般項は $a_n=2n-1$ である．

■第 14 章

問 14.1　(1) $3x^2$　(2) $4x^3$　(3) $5x^4$　(4) $6x^5$

問 14.2　(1) $\dfrac{1}{3\sqrt[3]{x^2}}$　(2) $\dfrac{1}{4\sqrt[4]{x^3}}$　(3) $\dfrac{1}{5\sqrt[5]{x^4}}$　(4) $\dfrac{1}{6\sqrt[6]{x^5}}$

問 14.3　(1) $2x+3x^2$　(2) $2+12x^2$　(3) $-\dfrac{2}{x^3}$

(4) $-2\dfrac{x^2-x-1}{(x^2+1)^2}$　(5) $\dfrac{-1}{\sqrt{x}(\sqrt{x}-1)^2}$　(6) $(1+x)e^x$

(7) $x(2+x)e^x$　(8) $\log x+1$　(9) $x(2\log x+1)$

(10) $\dfrac{x-1}{x^2}e^x$　(11) $-\dfrac{1}{e^x}$　(12) $\dfrac{(2-x)x}{e^x}$

(13) $\cos x - x\sin x$　(14) $\dfrac{\sin x - x\cos x}{\sin^2 x}$

(15) $\cos^2 x - \sin^2 x$　または　$\cos 2x$

問 14.4　(1) $12x^2(x^3-2)^3$　(2) $-\dfrac{4x}{(x^2+1)^3}$

(3) $\dfrac{1}{2\sqrt{x+1}}$　(4) $\dfrac{x}{\sqrt{x^2+1}}$

(5) $\dfrac{e^x}{e^x+1}$　(6) $\dfrac{1}{2\sqrt{x}(\sqrt{x}+1)}$

(7) $2\cos 2x$　(8) $-12\sin 4x\cos^2 4x$

問 14.5　(1) $(5x-1)(x-1)(x+1)^2$　(2) $-\dfrac{(x-1)(x-5)}{(x+1)^4}$

(3) $\dfrac{1}{\sqrt{(x-1)(x+1)^3}}$

問 14.6　(1) $\dfrac{1}{3\sqrt[3]{(x-1)^2}}$　(2) $\dfrac{2}{\sqrt{1-4x^2}}$　(3) $-\dfrac{2}{\sqrt{1-4x^2}}$

問 14.7 (1) $-\dfrac{a}{b}$　(2) $\dfrac{1}{2y}$

問 14.8 $y = \dfrac{1}{e}x$ で原点を通る直線になる (解図 16).

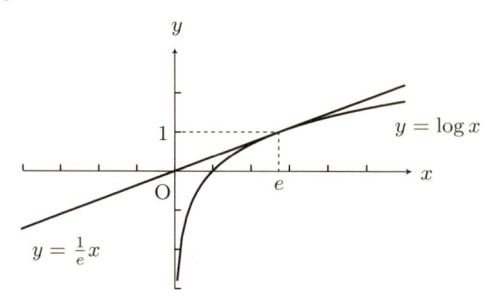

解図 16

問 14.9 (1) $y' = 4x\big|_{x=-1} = -4 < 0$, 減少

(2) $y' = (3x^2 - 6x)\big|_{x=3} = 9 > 0$, 増加

(3) $y' = (\cos x - \sin x)\big|_{x=\frac{\pi}{6}} = \dfrac{\sqrt{3}}{2} - \dfrac{1}{2} > 0$, 増加

問 14.10 (1) $x = 0$ で極小値 $y = -6$

(2) $x = 0$ で極大値 $y = 2$, $x = 2$ で極小値 -2

(3) $x = \dfrac{\pi}{4}$ で極大値 $y = \sqrt{2}$

問 14.11 増減表は (1) が解表 1, (2) が解表 2, (3) が解表 3 になる. なお, (1) は $y = 2(x+\sqrt{3})(x-\sqrt{3})$, (2) は $y = (x-1)(x-1+\sqrt{3})(x-1-\sqrt{3})$ と因数分解できる. また, (3) は三角関数の合成 (12.5.3 項) をすれば $y = \sqrt{2}\sin\left(x + \dfrac{\pi}{4}\right)$ と変形することができる. グラフは解図 17 に示す.

解表 1　関数の増減表

x		0	
y'	$-$	0	$+$
y''	$+$	$+$	$+$
y	↘	-6 極小値	↗

解表 2　関数の増減表

x		0		1		2	
y'	$+$	0	$-$	$-$	$-$	0	$+$
y''	$-$	$-$	$-$	0	$+$	$+$	$+$
y	↗	2 極大値	↘	0 変曲点	↘	-2 極小値	↗

解表 3　関数の増減表

x		$\dfrac{\pi}{4}$		$\dfrac{3\pi}{4}$	
y'	$+$	0	$-$	$-$	$-$
y''	$-$	$-$	$-$	0	$+$
y	↗	$\sqrt{2}$ 極大値	↘	0 変曲点	↘

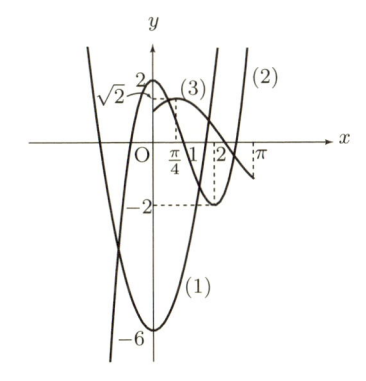

解図 17

■第 15 章

以下の解答で積分定数は省略する．

問 15.1　(1)　x^3　　(2)　$\log|x|$　　(3)　e^x
　　　　　(4)　$\dfrac{1}{2}\sin 2x$　　(5)　$-\dfrac{1}{2}\cos 2x$

問 15.2　(1)　e^t　　(2)　$\log t$　　(3)　$\sin u$　　(4)　$\cos v$　　(5)　$\tan w$

問 15.3　(1)　$2x^3$　　　　　(2)　$\dfrac{1}{3}x^3 - x$　　　(3)　$\log x^2$
　　　　　(4)　$\dfrac{3}{5}\sqrt[3]{x^5}$　　(5)　$\dfrac{1}{2}x^2 + \dfrac{4}{3}\sqrt{x^3}$　　(6)　$x^2 - \cos x$
　　　　　(7)　$\tan x + \log x$　　(8)　$x - e^x$

問 15.4　(1)　$\dfrac{1}{1-x}$　　(2)　$\dfrac{1}{1-x}$　　(3)　$\dfrac{1}{3}\sqrt{(2x-1)^3}$　　(4)　$\sqrt{2x-1}$
　　　　　(5)　$\sqrt{x^2+a^2}$,　$(x^2+a^2 = t$ とおく$)$
　　　　　(6)　$-\sqrt{a^2-x^2}$,　$(a^2-x^2 = t$ とおく$)$
　　　　　(7)　$\sin^{-1}\dfrac{x}{a}$,　$(x = a\sin t$ とおく$)$
　　　　　(8)　$\dfrac{1}{3}\sin^3 x$,　$(\sin x = t$ とおく$)$
　　　　　(9)　$\log(\log x)$,　$(\log x = t$ とおく$)$

問 15.5　(1)　$\log(x-1) - \dfrac{2}{x-1} - \dfrac{1}{2(x-1)^2}$

220　解　答

(2) $3\log\dfrac{x-2}{x-1}+\dfrac{1}{x-1}+\dfrac{2}{x-2}-\dfrac{1}{2(x-2)^2}$

問 15.6　(1) $\dfrac{1}{x-3}-\dfrac{1}{x-2}$,　$\log\dfrac{x-3}{x-2}$

(2) $\dfrac{1}{8}\left(\dfrac{1}{x-3}+\dfrac{1}{x+1}-\dfrac{2}{x-1}\right)$,　$\dfrac{1}{8}\log\dfrac{(x-3)(x+1)}{(x-1)^2}$

(3) $\dfrac{1}{x-1}-\dfrac{1}{x}-\dfrac{1}{x^2}$,　$\log\dfrac{x-1}{x}+\dfrac{1}{x}$

(4) $\dfrac{1}{x-1}+\dfrac{1}{(x-1)^2}$,　$\log(x-1)-\dfrac{1}{x-1}$

問 15.7　(1) $-(x+1)e^{-x}$　(2) $(x^2-2x+2)e^x$

(3) $\dfrac{1}{2}(\cos x+\sin x)e^x$　(4) $x(\log x)^2-2x\log x+2x$

■第 16 章

問 16.1　(1) 6　(2) $\dfrac{56}{3}$　(3) 60

(4) $\dfrac{4}{3}(4-\sqrt{2})$　(5) $\log 2$　(6) e^4-e^2

問 16.2　(1) $\dfrac{2}{3}$　(2) $\dfrac{\pi+2}{8}$　(3) $\dfrac{2}{3}$　(4) $2\log 2-\log 3=\log\dfrac{4}{3}$

問 16.3　(1) $\dfrac{2}{3}(3\sqrt{3}-1)$　(2) $\dfrac{1}{2}\log 5$　(3) $\dfrac{2}{3}$　(4) $\dfrac{26}{3}$

(5) $\sqrt{5}-2$　(6) $2-\sqrt{3}$　(7) $\dfrac{\pi}{2}$　(8) $\dfrac{1}{3}$

(9) $\dfrac{2}{3}$　(10) $\log 2$

問 16.4　(1) $\dfrac{\pi}{2}-1$　(2) $1-\dfrac{2}{e}$　(3) $e-2$　(4) $\dfrac{1}{2}(e^{\frac{\pi}{2}}-1)$　(5) $e-2$

問 16.5　(1) $\dfrac{\pi}{4}$　(2) $\dfrac{2}{3}$　(3) $\dfrac{3\pi}{16}$　(4) $\dfrac{\pi}{4}$　(5) $\dfrac{2}{3}$　(6) $\dfrac{3\pi}{16}$

問 16.6　(1) $\dfrac{32}{3}$　(2) $\dfrac{1}{2}$　(3) π　(4) 2

問 16.7　(1) $\dfrac{1}{6}$　(2) $3-e$　(3) $\dfrac{125}{6}$　(4) $\dfrac{1}{3}$　(5) $2\sqrt{2}$

問 16.8　(1) $\dfrac{4\pi}{3}ab^2$　(2) $\dfrac{\pi^2}{4}$　(3) $\dfrac{\pi}{2}(e^2-1)$

問 16.9　(1) $\dfrac{16}{3}$　(2) $6a$　(3) $a\log\dfrac{a+b}{a-b}-b$

索　引

ア
アステロイド (星形)　206

イ
1 次関数　31
1 次導関数　140
1 次不等式　37
1 次方程式　33
1 価関数　153
一般角　95
一般角 θ の三角関数　97
一般項　117
陰関数　25
陰関数の微分法　155
因　数　17
因数定理　45
因数分解　18

エ
鋭　角　89
x 座標　26
x 軸　25
x 切片　31
x の増分　175
x の微分　175
xy 平面　26
n 次関数　64
n 乗根　6
円　72
円周角　112
円周率　2
円の方程式　72, 155

カ
回転角　94
回転体の体積　201
解の公式　44
角　86
角　度　86
角の大きさ　86
角の頂点　86
角の辺　86
傾　き　31
下　端　187
加法定理　107
関　数　24
関数の増減　160

キ
奇関数　29
奇数列　128
逆関数　83
逆関数の微分法　152
逆三角関数　153
逆　数　8
逆正弦関数　153
逆正接関数　154
逆余弦関数　154
共役複素数　52
共通因数　17
共有点　41
極限値　140
極小値　60
極小点　60
曲線の凹凸　162

カ
曲線の長さ　202
極大値　60
極大点　60
極　値　61
虚　軸　52
虚　数　51
虚数解　54
虚数単位　50
虚　部　52

ク
偶関数　29
偶数列　117, 127
グラフ　25
グラフの平行移動　41, 67

ケ
係　数　11
原始関数　169
原　点　25

コ
項　11, 117
交換法則　13
公　差　120
高次関数　64
高次導関数　141
項　数　118
合成関数　147
合成関数の微分法　147
恒等式　34
勾　配　31

公　比	123	実　部	52	積分する	169, 187
降べき順	12	斜　辺	90	積分定数	169
5次関数	65	周　期	103	積分範囲	187
弧　度	87	周期関数	103	接線の傾き	140
根　号	7	収　束	140	接線の方程式	158
		従属変数	24	絶対値	3
サ		主　値	153	漸近線	67
サイクロイド	157, 204	循環小数	2	線　素	203
最小値	55	純虚数	50, 52		
最大値	55	商	23	**ソ**	
座標軸	26	象　限	26, 96	双曲線	66
座標平面	26	象限の角	96	双曲線の方程式	156
三角関数	97	小　数	1		
三角関数の合成	109	上　端	187	**タ**	
三角比	90	昇べき順	12	第1象限	26, 96
3次関数	58	剰　余	23	第3象限	26, 96
3重解	63	常用対数	78	対称軸	56
三平方の定理	91	剰余項	23	対　数	76
		初　項	118	対数関数	83
シ		除　式	22	対数計算	76
式	11	真　数	76	代数式	23
式の展開	13	振　幅	103	対数積分公式	179
軸	40			対数微分法	149
Σ記号	119	**ス**		第2象限	26, 96
Σの演算	135	数直線	3	対　辺	90
Σの性質	133	数　列	117	第4象限	26, 96
Σ表記	131			楕円の方程式	156
指　数	5	**セ**		多価関数	153
次　数	12	正　割	91	多項式	11
指数関数	81	正　弦	91	単項式	11
指数計算	76	正弦関数	103	単調減少	81
始　線	94	正弦曲線	103	単調減少関数	161
自然数	1	正弦定理	111	単調増加	82
自然数列	117, 125	整　式	11	単調増加関数	161
自然対数	78	整　数	1		
実　軸	52	正　接	91	**チ**	
10進法	87	正接関数	106	値　域	26
実　数	3	正接曲線	106	置換積分法	175
実数解	46	正の整数	1	頂　点	40
実数の指数	76	積分区間	187	直線の方程式	32, 34

索　引

テ
直　角	89
直角三角形	90

テ
底	5
底が a の指数関数	81
底が a の対数関数	83
底　角	90
定義域	26
定　数	24
定数項	11
定積分	187
底　辺	90

ト
度	86
導関数	140
動　径	94
等差数列	119
等差数列の和	121
等　式	34
等比数列	123
等比数列の和	124
同類項	12
独立変数	24
鈍　角	89

ニ
2 次関数	40
2 次導関数	141
2 次不等式	48
2 次方程式	43
2 重解	47
2 倍角の公式	108

ネ
ネピアの定数	78, 143

ハ
媒介変数	25, 156
媒介変数関数	25, 156
媒介変数関数の微分法	156
パスカルの三角形	16
発　散	140
パラメータ	25
半直線	86, 94
判別式	47

ヒ
微係数	140
被除式	22
被積分関数	169
微　分	148
微分係数	140
微分商	176
微分する	140

フ
複　号	6
複号同順	14
複素数	51
複素平面	52
不定積分	169
不等式の解	38
不等式の性質	38
不等式を解く	37
不等式	37
負の指数	8
負の整数	1
部分積分法	185
部分分数	36, 179
部分分数に分ける	36, 180
分　数	1
分数関数	66
分数式	22
分配法則	13
分母の有理化	10

ヘ
平　角	89

ヘ
平　方	5
平方根	6
べ　き	5
べき関数	28
ヘロンの公式	115
変曲点	164
変　数	24

ホ
方程式	34
方程式の解	33
方程式を解く	33
放物線	40
補　角	89
補角の公式	100

マ
末　項	118

ム
無縁解	74
無限小数	1
無限数列	117
無限大	26
無理関数	71
無理式	23
無理数	2
無理方程式	73

ヤ
約　数	45

ユ
有限小数	1
有限数列	117
有理式	23
有理数	2

ヨ
陽関数	25

余　角	89	ラジアン	87	ロ	
余角の公式	100			60進法	87
余　割	91	リ		60分法	87
余　弦	91	立　方	5	ワ	
余弦関数	105	立方根	6		
余弦定理	112			y座標	26
4次関数	64	ル		y軸	25
余　接	91	累　乗	5	y切片	31
		累乗関数	28	yの増分	175
ラ		累乗根	6	yの微分	175
rad	87	ルート	7		

監修者略歴

秋山 仁(あきやま・じん)
1972年 上智大学理学研究科修士課程終了
日本医科大学，ミシガン大学，東京理科大学，東海大学，科学技術庁参与，文科省教育課程審議会委員を経て，現在は東京理科大学栄誉教授（理学博士）
英文専門誌 "Graphs and Combinatorics" (Springer社) 編集長，NHKテレビ，ラジオ講座講師
専門はグラフ理論，離散幾何など
著書は「幾何学における未解決問題集」（シュプリンガー東京）」「離散数学入門」（朝倉書店）」，ゲームにひそむ数理（共著），初等離散数学（共著）（森北出版）など多数

著者略歴

楠田 信(くすだ・まこと)
1968年 九州大学理学部物理学科卒業
1973年 理学博士（九州大学）
1988年〜1998年 大分工業高等専門学校教授
1998年〜2004年 東和大学工学部教授

やさしい数学 微分と積分まで © 楠田 信 2002

2002年10月11日 第1版第1刷発行 【本書の無断転載を禁ず】
2023年3月15日 第1版第10刷発行

著 者	楠田 信	
発行者	森北博巳	
発行所	森北出版株式会社	

東京都千代田区富士見1-4-11（〒102-0071）
電話 03-3265-8341 ／ FAX 03-3264-8709
https://www.morikita.co.jp/
日本書籍出版協会・自然科学書協会　会員
JCOPY <（一社）出版者著作権管理機構 委託出版物>

乱丁・落丁本はお取り替えします　印刷／モリモト印刷・製本／協栄製本

Printed in Japan ／ ISBN978-4-627-07541-2

MEMO